人工智能

理论基础 + 商业落地 + 实战场景 + 案例分析

邓文浩　著◎

電子工業出版社
Publishing House of Electronics Industry
北京 • BEIJING

内容简介

人工智能时代已经来临，这项技术正在改变人类的认知和生活，也对社会各个领域产生了重大的影响。本书从理论基础、商业落地、实战场景、案例分析多个方面介绍人工智能，讲述人工智能对农业、金融、娱乐、医疗、营销、工业、教育等领域的影响。另外，为了迎合时代热点，本书还分析了人工智能与5G、区块链等前沿技术的融合及融合效果，使读者了解当人工智能成为不可逆转的趋势，应该如何跟上时代的步伐。

本书是一本不可多得的实战书，不仅具备很强的操作性，还具备一定的前瞻性，是读者提升能力的必备工具。

图书在版编目（CIP）数据

人工智能：理论基础+商业落地+实战场景+案例分析 / 邓文浩著. —北京：电子工业出版社，2021.3

ISBN 978-7-121-40806-9

Ⅰ. ①人… Ⅱ. ①邓… Ⅲ. ①人工智能 Ⅳ. ①TP18

中国版本图书馆CIP数据核字（2021）第048257号

责任编辑：刘志红（lzhmails@phei.com.cn）　　特约编辑：张思博

印　　刷：北京虎彩文化传播有限公司
装　　订：北京虎彩文化传播有限公司
出版发行：电子工业出版社
　　　　　北京市海淀区万寿路173信箱　邮编　100036
开　　本：720×1 000　1/16　印张：12　字数：174.8千字
版　　次：2021年3月第1版
印　　次：2024年11月第4次印刷
定　　价：89.00元

凡所购买电子工业出版社图书有缺损问题，请向购买书店调换。若书店售缺，请与本社发行部联系，联系及邮购电话：（010）88254888，88258888。

质量投诉请发邮件至zlts@phei.com.cn，盗版侵权举报请发邮件至dbqq@phei.com.cn。

本书咨询联系方式：（010）88254479，lzhmails@phei.com.cn。

一提起人工智能，很多人首先想到的是机器或机器人，这种浅显的认知是远远不够的。如今，人工智能的队伍已经越来越大，包括智能音箱、虚拟偶像、无人超市等。随之而来的还有人们对人工智能的疑惑：这项技术是利还是弊？

技术在快速发展，如果某天人工智能突然不受控制，那也不是没有可能的。作为围绕在人们身边的一项技术，人工智能既看得见，也摸得着，人们对其产生担忧也无可厚非。对于人工智能，社会上有两种态度，一种是推崇，一种是抵制。

在笔者看来，这两种态度都太过极端。一方面，人工智能解放了人们的双手，让生活和工作变得更加美好、舒适；另一方面，人工智能也确实对没有足够实力的传统企业造成了冲击，引发了资本市场的泡沫。

总而言之，人工智能既带来了机遇，也带来了挑战，整体上机遇大于挑战。而且在经历了多次起伏发展之后，人工智能还可以“活”下来，并且“活”得不错，就说明这项技术是当前时代所需的。

但是，目前不少人对人工智能没有太多了解，一些技术型企业也缺乏对人工智能进行开发和应用的经验。本书抓住这些痛点，促使读者更好地了解人工智能，帮助技术型企业尽快实现人工智能的商业落地。本书以输出人工智能相关知识为最终目的，着眼于人工智能在农业、金融、医疗、工业等领域的商业落地，对人工智能带来的一系列影响和变革进行了详细说明。本书迎合了时代发展，促使读者跟上时代的步伐。

本书为读者提供了诙谐幽默、浅显直白的文字内容，以及能够解决实际问题的途径和方法，目的就是让读者在轻松愉悦的氛围中学到真正有用的东西。通过对本书的学习，读者可以迅速领略人工智能及其应用的真谛，从而更好地迎接人工智能时代的到来。对广大读者来说，本书可以成为他们激励自己不断探索、不断前行、不断进步、不断提升的动力源泉。

邓文浩
2021 年 2 月

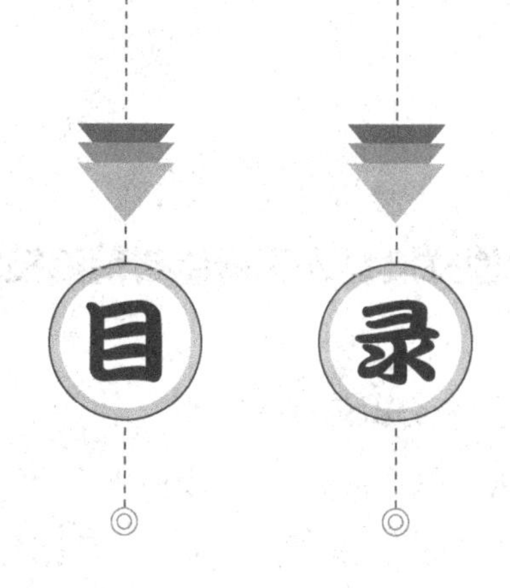

第 1 章　人工智能：引领时代风口与商业革命

第 2 章　价值交换：人工智能与前沿技术的融合

第 3 章　人工智能＋农业：促进乡村振兴

第 6 章 人工智能 + 医疗：造福患者和医护人员

第 7 章 人工智能 + 营销：开启千人千面营销新时代

第 8 章 人工智能 + 工业：引领“绿色智造”

第 12 章　展望未来：对人工智能的预测

第1章 人工智能：引领时代风口与商业革命

伴随着人工智能的发展，它越来越多地渗透到全球的各个行业、领域。新技术、新产品的大量涌现，也成为新时代科技革命和商业模式变革的重要驱动因素。在这样的大环境下，人工智能引起了社会各界更广泛的关注，人工智能时代已全面来临。

1.1 无处不在的人工智能

在互联网还没有普及时，人们一定想像不到如今的日常生活离不开网络的协助。人工智能亦是如此，在人们看得见和看不见的地方，人工智能无处不在。

虽然与西方国家相比，我国在人工智能方面的起步稍晚，但目前我国的人工智能技术已经从实验室转到了现实生活的应用中来，并在某些技术、商业模式和产品功能等方面取得了一定的成绩。例如，在移动支付、电商等方面，我国的人工智能技术处于全球领先地位。此外，我国对人工智能产业的多项扶持、对人工智能人才培养等政策的推进，也为人工智能的发展打了一针“强心剂”。

目前，我国电子商务的发展已达到了高峰。阿里巴巴等电商平台目前正在计划通过人工智能技术，实现实体经济的“复活”。它们通过投资建立起人工智能赋能的产业链和库存管理，再利用大数据等技术收集客户偏好，将线上线下相结合，发挥企业更大的产能。

人工智能与我们的生活息息相关。它的发展不仅可以使社会更加便捷高效，还能让人们过上更加智能的生活。

1.1.1 小百科：人工智能的定义和应用场景

虽然人工智能目前在制造领域、IT 领域的应用比较广泛，但当大多数人提及人工智能时，仍然对它理解不够准确。人工智能的定义、应用场景是怎样的？

1. 人工智能的定义

人工智能的英文是 Artificial Intelligence，简写为 AI。“人工智能”这个概念是在 1956 年的达特茅斯会议上首次提出的。当时的时代背景是第一次工业革命后，人们追求“自动化”。在制造业，一部分企业家强调机器自动生产，实现“机器换人”的目标；而另一部分企业家追求的是智能化的柔性生产，实现“人机协同”的目标，更加注重设备自主配合人的工作，“人工智能”一词由此诞生。

通过人们对计算机研究的不断深入，计算机的计算能力也得到了高速发展。如今，计算机系统基本实现了所有行业的全面覆盖，如计算机辅助设计、通信技术、医疗设备、自动控制等。所以说，人工智能是由计算机科学衍生出来的，是计算机科学发展到现在的又一成果。

人工智能主要应用于生物学、神经学、哲学等学科。它可以帮助人们在这些领域开发、设计与其相关的计算机功能，如分析决策、学习和解决难题。从通俗意义上讲，人工智能就是创造智能的系统或程序。它通过模仿人类的思维模式、学习和工作方式，使计算机可以更加智能地处理问题。

例如，没有人工智能编程的计算机程序与拥有人工智能编程的计算机程序在解决问题上的表现可谓天差地别。前者在解决实际问题的过程中，程序修改比较麻烦，还可能导致错误，修改其中部分结构可能对整体结构产生影响；而后者由于人工智能编程的加入，其程序的各个参数都是相互独立的，个别参数的修改不会改变整体结构，效率更高。

2. 人工智能的主要应用场景

（1）游戏。人工智能在围棋、象棋等游戏中发挥着重要的作用。例如，打败我国围棋高手柯洁的 AlphaGo（见图 1-1）就是人工智能应用的典范。AlphaGo 可以根据规则来测算出大量的可能位置，并选出最优位置落子。

图 1-1 人工智能 AlphaGo 与柯洁对战围棋

（2）语言处理系统。例如，机器翻译系统（见图 1-2），该系统又被称为自动翻译系统，它主要利用机器将源语言转换成目标语言。它是人工智能的终极目标之一，具有超高意义的科学研究价值。

图 1-2　机器翻译系统

（3）智能识别系统。该系统分为语音识别、视觉识别和车牌识别等。在语音识别中，人工智能可以通过对人的音色、声调、重音等的准确把握，来帮助听者理解不同的语言；视觉识别则可帮助警方在抓捕逃犯的过程中大大提升工作效率。

（4）智能机器人。智能机器人（见图 1-3）是应用人工智能技术最早、也最广泛的领域。智能机器人装有传感器装置，它能感受到现实世界的光、温度、声音和距离等数据。

图 1-3　智能机器人

随着数据的不断积累，智能机器人能够越来越多地执行人类下达的任务。智能机器人由于拥有高效的处理器、多项传感装置和强大的深度学习能力，因此在处理任务的过程中，它们可以从简单、烦琐的工作中吸取经验来适应新的环境，进而胜任更高级的工作。

1.1.2 人工智能的三次热潮

人工智能自诞生至今，经历了三次热潮。

1. 第一次热潮：理论的革新

20 世纪 50 至 60 年代，是计算机刚诞生的年代。彼时沉重、大型的计算机只是被科学家当作解决复杂数学、科学难题的计算工具。而在当时的研究人员中，出现了一位思想最前沿的学者——图灵。他研究的课题不再局限于如何提升计算机的算法，而是提出了一个大胆的设想，那就是计算机像人一样思考，也就是“人工智能”。

1950 年 10 月，图灵在他发表的一篇论文中，提出了举世闻名的“图灵测试”，只有通过此项测试的计算机，才称得上真正的人工智能。图灵测试影响深远，时至今日仍然被现代科学工作者所重视。图灵测试的提出，相当于人工智能技术与应用研究道路上的里程碑，以此为节点，掀起了第一次人工智能的发展热潮。

当时的科学工作者大多数都对人工智能抱有期待，依照当时科技的发展速度，他们相信计算机很快就能通过图灵测试。然而，受到计算机算法和性能的局限，科学家的研究屡遭失败，导致人们对人工智能的热情迅速消退。时至今日，计算机也没有在真正意义上通过图灵测试。

2. 第二次热潮：思维的转变

20 世纪 80 至 90 年代，基于人工智能技术发展出来的语音识别系统有了极大的突破。而这个突破依靠的是思维的转变，由此引发了人工智能发展的第二次热潮。

在实现该突破之前，语音识别系统多是由计算机用人类学习语言的方式来学习的，也被称为专家系统方式。在语音识别系统的研发过程中，主要是计算机科学家和语言学家进行工作。而在实现突破之后，科学家们打破了原有的思维屏障，开始基于数据来建立统计模型，在研发过程中大量数学家参与。思维方式和规则的转变，极大地考验着人们的思维能力。最终，基于数据统计模型的人工智能开始了广泛应用。

3. 第三次热潮：技术的融合

2006 年至今，是人工智能发展的第三次热潮，如今的人工智能是深度学习、大规模计算与大数据的联合。例如，AlphaGo 与超越人眼的图像识别算法都是深度学习的产物。

现阶段，由于技术的进步，计算机的性能和计算能力都有大幅度的提升。互联网的普及也为各个行业的企业带来了高质量的数据积累。

至此，我们可以总结出，三次人工智能的发展热潮是震荡往复的，据此绘制的人工智能阶段曲线如图 1-4 所示，这条曲线上涵盖了绝大多数人工智能产业下高新技术产品的发展历程。

相关数据显示，现阶段的人工智能已经走到了从量变到质变的临界点。将三次发展热潮对比来看，前两次的人工智能发展都是以学术研究为主导的，第三次则更偏向商业需求，人工智能更多地与实际的产业相结合，在实践中发现问题、解决问题。因此，现阶段的人工智能，是有用的人工智能。

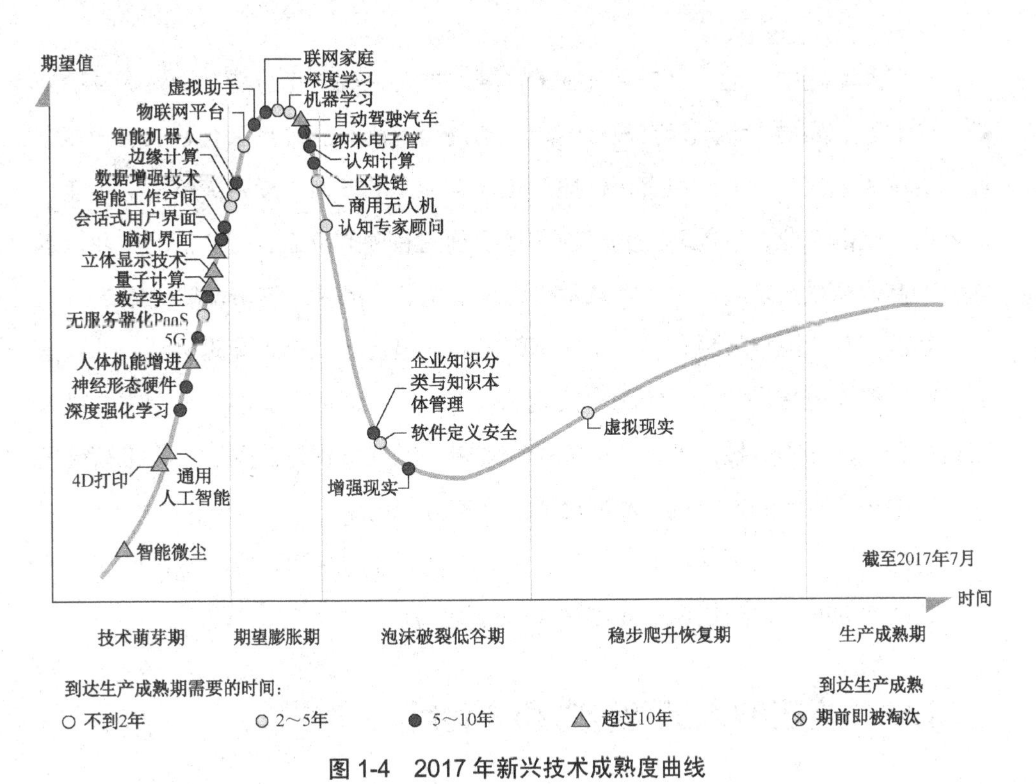

图 1-4　2017 年新兴技术成熟度曲线

1.1.3　是否会出现人工智能泡沫

最近几年，人工智能企业的估值一直在持续增长中。招商银行在进入人工智能领域挑选项目时，发现有些企业的估值已经高到无法让人接受，这很可能导致人工智能泡沫的产生。

现阶段的互联网等科学技术已经成熟完备，人工智能的到来也势不可挡。人们需要找到能真正解决问题的、真正给现代商业模式带来颠覆的人工智能。据行业有关人士分析，市场上的任何一个新兴产业，都有从诞生到爆发的突破点，而泡沫可能就是作为突破点的存在。就人工智能对传统企业赋能而言，我们正在经历其中的第三个高潮，这个高潮很可能是其发展路程上的突破点，但在突破的过程中一定会有人工智能泡沫出现。

在资本市场中，泡沫是永远存在的。要想成功入局人工智能，投资者要看到被投企业的发展潜力，明晰其发展的阶段点是否有泡沫。并且只有将人工智能领域的泡沫尽量减少，才能将真正优质的企业推上市场舞台。没有被挤掉的企业，才算得上刚需企业，才能真正为产业和社会创造有利的价值。有价值的企业，其独特的商业模式一定会从平台、技术、组织框架、产品中一步步发展出来。

我国的互联网科技经过了二十多年的发展，经历了从个人计算机到移动通信的突破，现在正在进行新一轮的科技变革——智能互联网。智能互联网主要以人工智能和大数据等科技为各个产业的生产力带来跃迁式提升。同时，人工智能还应该形成一个庞大的产业链，发展出最适合的应用场景。

总的来说，人工智能泡沫会存在，但它的出现不是坏事。当资本市场在清理人工智能泡沫时，科技也在不停地摸索和进步。

1.1.4　真正的人工智能必须“有用”

正如前文所说，我们正处在人工智能发展的第三次高潮。现阶段的人工智能并不像以前那样主要以学术研究为导向，而是转变为能够让设备或机器更好地为商业模式提供服务，帮助人们做出合理的决策。因此，真正的人工智能必须强调其“有用性”。

人工智能的有用性指的是人工智能在实际应用的场景中发挥出足够高的价值。通俗地讲，就是人工智能不能拘泥于学术的象牙塔，不能只是一个徒有概念的空壳。人工智能要为产业赋能，为人们的生活带来惊喜，只有这样才有发展前景。

目前，人工智能在实际应用场景中有很多实用的案例。下面将介绍几个简单的应用产品，分析这些产品在哪些方面凸显了人工智能的实用性。

1. Siri

Siri（见图 1-5）的原意就是语音识别接口。它是苹果公司旗下产品应用的一个语音助手，能够帮助用户发送短信、接打电话、记录备忘、搜索资料等。更高级的是，Siri 还能够不断学习新的声音来为用户提供对话模式。它将苹果公司旗下的移动通信设备变身为一台智能机器人。

Siri 作为一个智能化的个人助理，能够帮助用户更高效地生活。

图 1-5　智能语言识别系统 Siri

2. 特斯拉智能汽车

特斯拉智能汽车（见图 1-6）是人工智能应用于汽车领域的先驱性产品。目前，特斯拉智能汽车除正常汽车应有的功能外，还加入了寻找车主、自动驾驶功能等，变得越来越智能化。相信在不久的将来，全球的汽车行业将变得越发智能，降低交通事故率，改善交通拥堵情况。

图 1-6 特斯拉智能汽车

3. 亚马逊 AWS 系统

亚马逊的人工智能服务——AWS 系统已经运行很长时间了，它为用户提供了全面的类似于机器学习、深度学习技术的服务。其功能包括云端的自然语言理解、语音识别、视觉搜索和图像识别、文本转语音等。

AWS 系统的运行使亚马逊的利润和收入逐年大幅度提高。并且，随着大数据技术的发展和算法的不断改进，该平台还能根据消费者平常的浏览偏好推荐其想购买的产品。

4. Nest 智能恒温器

Nest 智能恒温器又被称为温控器（见图 1-7），是美国一家智能家居制造商推出的具有自我学习能力的智能恒温设备。它可以通过记录用户的室内温度数据，智能分析出用户在各个时间段对温度的偏好，并自动将室温调整到用户感觉最合适的状态。

Nest 智能恒温器不但能自动调温，还有声控功能。该产品所应用的算法的不断改进，使用户的生活变得更加便利，这正体现了人工智能技术的实用性。

图 1-7　Nest 智能恒温器

5. Pandora

Pandora 是美国一家流媒体音乐平台。其对人工智能技术的应用被称为当今音乐领域最具革命性的发展之一。该平台基于四百个音乐特点，利用人工智能、大数据、专业音乐家团队技术，对平台的每首歌曲都进行标准手工分析，使用户在该平台享受音乐时，能完全信任其推荐的歌曲是自己喜欢的类型。

随着人工智能的持续发展，全球的产业能力将更强。人工智能的实用性不仅会给企业带来更大的利润，同样也会给普通人的生活带来更大的幸福感。

1.2　人工智能对人类的特殊价值

随着人类对人工智能的深入研究，全球的科技和产业也进入了新的时代。在研究和发展的过程中，人工智能对人类的特殊价值也逐渐体现出来。首先，也是最基础的价值，人工智能可以代替人类完成重复性的工作。其次，由于其高性能、高效率的特点，人工智能可以帮助人类社会激发商业变革。最后，人工智能还能帮助人们解决现实难题。

1.2.1 帮助人类完成无趣的重复性工作

人工智能的快速发展对人类社会带来的最大冲击可能就是，它将代替大量的传统劳动力，很多生产线上的工人会因此而失去工作，全球大部分国家的失业率会因此上升。虽然人工智能使很多新兴产业崛起，但也有很多产业因人工智能的兴起而消亡。

在现实生活里，人工智能对社会传统劳动力形成的就业威胁，远超过很多社会学家的预期，不仅生产线上的工人会被影响，很多蓝领和白领也都被卷入这场威胁的浪潮。

著名企业家李开复曾经预测，在二十年内，人工智能与自动化设备将取代社会各个行业将近一半的技术岗位，主要集中在文档分类、图书管理、理财产品的电话销售、会计、分拣、装配等方面。因为人工智能在做这种相对简单的数据分类且不需要大量交流的工作时，相比人工更高效且准确。

事实上，李开复的预测已经在全球个别行业逐渐有了端倪。上海就有一家无人银行，也是我国唯一一家完全取代人工、全部用机器来办理业务的银行。国外也有案例，在 2017 年，世界四大会计事务所之一的德勤，就将人工智能应用在会计、税务等多项工作中，代替人类阅读合同和文件。

人工智能正不断渗透到全球的社会工作，面对人工智能时代的全面来临，人们应该正视它并且要有足够的把握来控制它。人们需要理解的一点就是，人工智能代替的只是无趣的、重复性的工作。未来，只有从“人机协作”的角度来调整社会的就业岗位，鼓励创意型工作，才能真正缓解人工智能对全球人类的就业造成的冲击，并让人类发挥自己独有的价值。

人们应该用积极的态度来面对人工智能，充分了解自身的技能特点与人工智能的关系，运用人工智能技术提升人类劳动力的价值。并且，人们也应该接受那些工作内容冗杂、重复的工作岗位正在被人工智能替代的现实。人工智能将作为分析工具与人类共事，人类也同样在思考能力方面有着人工智能不可比拟的优势，二者应共同创造人工智能与人类协作的蓝图。

人工智能是否会完全取代人类的岗位，只有未来才能给出答案。但面对新时代的到来，人类有直面它的勇气，也有掌控未来的实力。

1.2.2 引流人类社会，激发商业革命

人工智能正在激发一场新的商业革命，并在不久的将来首次实现其商业化落地。随着 2006 年辛顿教授“人工智能深度学习”概念的提出，使人类正式进入人工智能发展的第三次热潮。在视觉、语音识别和其他领域取得一定成就之后，人工智能开始进入突破瓶颈的前期。

经过十多年的发展，除了谷歌、微软、阿里巴巴、百度等互联网巨头，还有多个新崛起的互联网企业选择加入人工智能领域。随着人工智能技术的成熟及被越来越多的人接受，这次商业革命也许会架起一座通往未来文明的桥梁。下文将举例分析，人工智能是如何在“商海”中激起层层浪花的。

1. 谷歌 AlphaGo 打败柯洁

谷歌不仅是互联网领域的先驱，也是人工智能领域的领军者。由谷歌研发的深度学习人工智能项目 AlphaGo 早在 2016 就掌握了围棋的规则，并在同年 3 月以 4：1 的比分击败了韩国围棋高手李世石。

在 2017 年与世界围棋冠军柯洁的对战中，AlphaGo 又以 3：0 的成绩获胜。当这一结局出现的那一刻，全世界的科学家震惊了。人工智能通过深度学习打败了全球顶尖围棋高手这个消息，又使人们对人工智能的热情重新燃烧了起来。

2. XPrize 联手 IBM 设立了“AI 2020”竞赛

提及人工智能，很多人会想到一些关于人工智能反抗人类命令的电影画面——人工智能野蛮地谋害了它的制造者，人工智能在某国国防大厦的阴暗角落里操控着整个国家，等等。为了改变这一不切实际的刻板印象，XPrize 公司携手 IBM 举办了一场名为“AI 2020”的挑战赛，希望能够以一种反乌托邦的方式来探究人工智能对人类在实际场景方面的帮助和影响。

这场竞赛还希望通过突破目前的人类极限，使人们关注在当今社会看似无法解决、目前还没有明确解决途径的问题。挑战赛开始不久，参赛成员就提出了包括机器人、气候、健康、交通、医疗体系等面向各种社会问题的计划。除此之外，此次挑战赛的综合性也让人感到兴奋。参赛团队不仅可以由专业人工智能领域的人才组建而成，还可以由对科学、数学、语言学等多个领域有研究的业余人员组成。也就是说，这场挑战赛不限制专业，只要参赛者能拿出研究成果，就能够参加。

XPrize 在其官方宣传上表达了自己的意愿——希望通过“AI 2020”竞赛来催生新的行业，以及改革现有行业并为其带来持久利益。并且，XPrize 将通过最终胜利的队伍向世界证明，那些疑难问题是可以被人工智能解决的，同时也能消除人类对人工智能恐惧的幻觉。

3. 谷歌 WaveNet 可以合成更逼真的人声

早在 2016 年，谷歌的人工智能开发团队就利用神经元网络，研究出了一种可以直接拆解声源样本，整理出更精炼的语言基础资料，再用这些资料直接模拟人声的系统——WaveNet。

该系统的发明，主要利用了人工智能深度学习技术。当开发团队将大量的人类发声数据上传到 WaveNet 系统之后，它就可以模仿人类不同嘴型或换气时细微的声音，并在音调和语速上也能添加真人的风格。此外，WaveNet 在智能合成声音领域并不只会模仿人声，当开发人员将古典音乐数据上传到 WaveNet 的数据库中，它也能很快合成有模有样的古典乐。

总而言之，在人工智能领域，全社会都在为突破其发展瓶颈而努力。在第三次人工智能热潮中，还将出现各种各样的人工智能技术的其他高科技产品。相信人工智能会将商业革命再次推向巅峰。

1.2.3 解决人类难以解决的疑难问题

目前，人工智能在深度学习领域取得了重大进展，解决了多年来该领域的多项疑难问题。人工智能由于擅长分析高维数据中的复杂结构，因此被广泛应用于科学、商业和政府等领域。同时，它也带动了社会服务行业的蓬勃发展，如语音识别、人脸识别等服务。此外，人工智能还是 2020 年新冠肺炎疫情防控攻坚战的重要助手，无论在医院等抗疫一线，还是在社区管控、疫苗研发等后方战场，人工智能都功不可没。

关于人工智能为人类解决疑难问题，就以此次的疫情为例。由于疫情爆发突然，我国在新冠肺炎疫情防控工作中，早期出现了医护人员不足、疫苗研发时间紧迫、防疫前线存在高风险等多重困难。正是我国对人工智能等高新技术的合理应用，才降低了医护人员与患者之间交叉感染的风险，同时也提高了防疫工作的效率，缩减了政府开支。

另外，由于人工智能的助力，我国的医疗水平不断提升，成功的医疗案例不断涌现。在此次“战役”中，人工智能技术在问诊导诊、病毒检测、辅助诊断、基因分析及数据预测方面都发挥了重要作用。以体温检测为例，为防止病毒在人群之间的接触性传播，各类公共场所的工作人员都利用人工智能技术——人体智能体温检测仪（见图 1-8）快速检测体温异常者，实现了非接触性人员初筛方案，为广大人民群众带来了福音。

图 1-8　人体智能体温检测仪

人工智能对疫情管控能力的赋能，是其对人类特殊价值体现的极具代表性的案例。得益于以深度学习为代表的人工智能技术的发展，人们在实际场景应用中有了跨越式的进步。相信在未来，人工智能能将继续帮助人类解决一个又一个难题。

1.3　巨头布局：纷纷收割人工智能的红利

在人工智能技术的研究和实践方面，互联网行业巨头始终扮演着开拓者的角色。这意味着人工智能离学术这座象牙塔越来越远，离商业化越来越近。

人工智能技术的发展是新时代的浪潮和风口，商业巨头们不会错过如此良好的机遇。一直以来，它们都争相向该领域进军，为实现人工智能产品的商业化落地、收割人工智能的红利而努力。下面将以几大互联网巨头为例，分析它们是如何将计划和理想变为现实的。

1.3.1 谷歌：积极探索全新的算法与应用

自从谷歌发布了“人工智能先行”战略后，其走人工智能的道路越发坚定。近几年，谷歌每年举行的亚太区媒体会议都会将人工智能作为焦点，并提出了“Made with AI”的理念，也就是人工智能制造。至今，谷歌公司先后推出了谷歌助理、手机、耳机和智能音箱等多款人工智能产品，构建了自有的人工智能生态体系。在特斯拉公司等不断发出人工智能威胁论的大环境下，谷歌依然专注于该技术的全新算法与应用，利用前沿的科技来解决实际生活中的问题。下面将分析谷歌在人工智能领域的发展理念。

1. 人工智能＋软件＋硬件

目前，谷歌要构建的是生态体系，其中重要的一点就是让体系中各成分进行有机融合。为此，谷歌在人工智能领域是将其与软件、硬件相结合发展的。

在软件方面，谷歌结合人工智能技术开发了多款应用程序。例如，谷歌云端相片集利用图像识别技术，将用户照片自动分类；谷歌地图可以通过道路、街景数据采集更多相关地区的详细数据；谷歌邮箱在收到邮件之后，智能系统会给用户提供回复建议；YouTube 则通过机器学习为视频自动加上字幕；谷歌翻译可以利用神经网络进行机器翻译，等等。

在以上产品中，谷歌翻译是中国用户使用最多的。过去，其翻译系统使用的是简单的统计翻译模型。但在 2016 年，神经网络机器翻译系统在谷歌翻译中正式应用，使传统翻译的准确性得到了很大提升。

在硬件方面，谷歌先后发布了很多硬件产品，包括智能音响、智能笔记本、智能手机、Google Pixel Buds 耳机等，这些新型硬件都使用了人工智能技术，凸显了谷歌在人工智能领域的野心。

2. 专注现实问题的研究

深度学习是谷歌在人工智能领域的研究重点之一。谷歌认为，编写能使机器自主学习如何变得智能的程序，这要比直接编写智能程序进步更快。

谷歌认为，人类应该着眼于解决眼前的问题。这也是谷歌在人工智能领域的三大目标之一——解决人类面临的重大挑战。

目前，谷歌正在利用人工智能和深度学习来解决如医疗保健能源、环境保护等问题。例如，谷歌医疗团队与世界各国一些医院合作开发了一种工具，它可以通过深度学习来帮助诊断糖尿病所引起的眼部疾病等。

3. 不担心竞争对手，在中国广纳贤才

谷歌一直对中国的人工智能技术抱有很大的期待。它认为美国在未来五年内将继续保持领先地位，随后中国将迅速赶超。这一观点源于中国政府 2017 年发布的《新一代人工智能发展规划》，规划中提出，到 2025 年，我国人工智能基础理论应实现重大突破，部分技术和应用达到世界领先水平；到 2030 年，我国人工智能理论、技术和应用总体应达到世界领先水平，成为世界主要人工智能发展中心。

面对中美两国在人工智能领域的竞争，谷歌表示，目前全球有很多国家和企业都对深度学习感兴趣，并且非常有实力，但发展人工智能，无论国家还是企业，都需要分阶段、务实地进行，建立生态系统。因此，在世界范围内，一些政府和公司都在招揽相关人才，这也直接带来了人才储备的竞争。在人才储备方面，谷歌并不担心竞争对手，并表示将继续在上海、北京持续招聘人工智能相关人才。

对人工智能带来的失业问题，谷歌也有独特的见解：过去两百年里，技术的发展一定会带来失业的大潮，但人们应对此保持乐观，因为任何技术的新突破，都会替代一部分劳动力，但同时，社会上又会出现一个新的、有趣的领域来驾驭这项技术，人们也会有新的工作。因此，人类应期待人工智能带来的惊喜。

1.3.2 微软：推出多款智能机器人

人工智能的商业化发展，将更高效地帮助人类更优质地完成部分工作，让人类拥有更多精力来专注于更高价值的任务。微软公司也看到了人工智能的闪光点，在人工智能领域投入了更多的资金进行深入的探索。

与谷歌专注于算法和应用不同，微软公司更加倾向于制造多领域的机器人。微软利用的是领先的人工智能技术，从教育、社交、医疗、环境等多个维度打造智能机器人，帮助社会各行业的智能化改革升级，推动人类社会的可持续发展。

以 2020 年新冠肺炎疫情为例。此前，多项数据表明，新冠肺炎康复者的血液中存在着可能治愈该疾病的某些单体量抗体，该消息一经发布，就引起了全球医疗团体的关注。但遗憾的是，抗体在康复者的血浆中数量较少、较难获取，成为全球卫生事业攻克此次疫情的瓶颈之一。

为此，微软公司特地推出了一款名为“plasmabot”的血浆机器人（见图 1-9）。但这款血浆机器人并不生产或创造血浆，而是微软公司利用人工智能技术推出的聊天机器人，它的能力在于引导康复者回答一系列问题，以确定他们是否存在捐献血浆的条件。一旦确定该康复者可以献血，plasmabot 将在第一时间提供有关献血者的信息，并将他们引导到最近的献血地点安全地进行捐赠。

图 1-9 血浆机器人

当患者处在康复期时，血浆中会产生抗体来抵御引起疾病的抗原，也就是病毒，并且这些抗体会在血液中停留几个月。依据此概念，在全球的医疗事业历史中，使用康复者血浆中的抗体作为治疗疾病的产品已经是一种通用的手段了。

虽然这种方法不像疫苗那样能完全成为治疗药物的替代品，但是在如此庞大的病毒“对手”的压迫下，对还未康复的患者来说也不失为一种希望。

目前，微软公司正在通过软件、网站、搜索引擎和社交媒体等渠道来推广其血浆机器人。该事件显示了微软在人工智能产品制造方面为人类社会做贡献的理念。

1.3.3 Facebook：重点研发图像分割软件

在人工智能发展领域，Facebook 在图像识别方面取得的成绩非凡。目前，Facebook 开发了三款人工智能图像分割软件，分别是 DeepMask、SharpMask 和 MultiPathNet。这三款软件可以相互配合完成图像识别分割处理技术：首先，图像被输入 DeepMask 分割工具；其次，被分割的图像通过 SharpMask 图像工具进行优化、精炼；最后，通过 MultiPathNet 工具进行图像分类。

高端的智能图像分割技术不仅能够精准识别图片或视频中的人物、地点、目标实体，甚至能够判断它们在图像中的具体位置。为此，Facebook 还使用了人工智能中的深度学习技术，利用大量的数据来训练人工神经网络，不断提高该流程对数据处理的准确性。

深度学习是全球互联网巨头竞争激烈的技术阵地，无论国外的谷歌、微软，还是我国的百度、腾讯等，都投入重金，在该领域的竞技场上展开激烈的角逐。Facebook 在推出图像分割软件工具之前，就一直是人工智能技术的积极倡导者。

Facebook 的开发团队提到，图像分割技术对社交软件的改进而言意义重大。例如，平台若能够自动识别图片中的实物，将极大地提高图片搜索的准确率。

Facebook 人工智能实验室的科学家 Piotr Dollár 表示，他们团队的下一个目标是视频识别。在视频识别领域，Facebook 已经取得了一些成绩。例如，基于深度学习技术，用户能够在查看视频的同时理解并区分视频中的物体，如动物或食物。此项技术将大大提高视频中的实物区分功能，平台也基于此项技术提高了推荐视频内容的准确性。

1.3.4 BAT：各自制定不同的人工智能战略

我国互联网技术也发展了 20 多年，从目前的形势来看，我国在互联网领域已形成“三足鼎立”的局势——百度公司（Baidu）、阿里巴巴集团（Alibaba）、腾讯公司（Tencent）三家巨头（简称 BAT）各自形成了自己的体系和战略规划，分别掌握着我国的信息前沿技术。

BAT 不仅是我国互联网领域的代表，更是我国人工智能发展的新希望。当谷歌 AlphaGo 的推出引起世界轰动时，我们也将期待的目光转向了 BAT 的发展战略上。下面分别介绍 BAT 在人工智能领域的战略布局和面临的共同难题。

1. BAT 的战略布局

1）百度公司的战略布局

现阶段，由于百度在搜索引擎中广告过多、关键词精准度下降等，导致其出现了声誉下跌、总营收下降的情况。为了应对此状况，百度的创始人李彦宏将人工智能视为现阶段最重要的战略重点，所以百度各业务线正在努力向人工智能靠拢。

百度的部分业务本身就存在着和人工智能天然的联系。例如，百度最基础的搜索业务早已由之前的词频统计、超链分析等，转变成深度学习方法。以最新推出的“手机百度 8.0”为例，百度基于人工智能技术，为用户提供了一个高效、准确的内容个性化推荐的搜索引擎。据公开数据显示，该软件一经推出，其日活跃用户数就从最初的两千万提高到了七千万，在一定程度上解决了百度客户流失的问题。

在面向未来的人工智能应用中，百度推出了“无人驾驶”的设想。在 2015 年的乌镇互联网大会上，李彦宏向习近平主席讲解了关于无人驾驶的概念，希望政府可以在无人驾驶的基础设施方面提供大力支持。

当然，在人工智能领域的探索之路上，百度也不是一帆风顺的。例如，在 O2O 领域，百度曾尝试将外卖包装为“人工智能助力 O2O”，但在实际的落实中，该项目并没有在市场中激起水花。

2）阿里巴巴集团的战略布局

相较于百度将人工智能应用于社会领域，阿里巴巴（以下简称阿里）和腾讯在人工智能领域的探索主要应用于各自的业务当中，但两者的侧重点不同。

在阿里的团队看来，云计算是其面向未来的核心部分。虽然云计算与人工智能属于不同的范畴，但二者也有交叉，并且从目前阿里在人工智能方面的试验看来，很多人工智能都基于云平台。阿里希望构建全场景应用的产业生态链来使云计算与人工智能相结合。在 2016 年的云栖大会上，杭州市政府公布了一项较为前沿的计划：为这座城市装配人工智能中枢——杭州城市数据大脑，其核心技术采用的就是阿里云 ET 人工智能技术。

虽然阿里在人工智能方面有如此“野心”，但同样也有中规中矩的实际应用技术。例如，利用图像识别技术的“人脸支付”功能、基于语音识别和深度学习等技术的智能推荐应用，以及新一代智能客服产品——阿里小蜜等。

3）腾讯公司的战略布局

相较于阿里，腾讯在人工智能领域的侧重点更多地体现在其内部产品的应用上，如微信语音转文字、声纹识别、微信程序“摇一摇”等功能。此外，腾讯在搜狗业务中（腾讯已入股搜狗）应用人工智能，以帮助其升级和发展，如输入法在语义理解、识别和人机交互方面的探索等。

腾讯的高层在采访中表示，腾讯将更加重视人工智能领域的技术研发，其研发路径主要包括两种：一，整合腾讯自身的技术资源，形成自主体系和发展重点；

二，加快对技术型新兴企业的收购与合作步伐。但根据其实际项目的落实情况，腾讯在人工智能方面的战略布局倾向于“收购与合作的投机主义”，并且其投机更多体现在对外投资上。例如，腾讯从涉足人工智能领域以来，先后投资了面向个人的云计算服务商 Scaled Inference、主要做开源项目的 Skymind、面向医疗健康方面的数据收集与分析服务提供商 CloudMedX 和数据公司 Diffbot 等。

总结来讲，百度在人工智能领域涉足最早，布局最成体系；阿里依靠自身积累的雄厚的电商数据，正在构建基于阿里云技术的全产业链生态；腾讯则走“内部业务嵌入 + 外部投资”的发展战略。

2. BAT 面临的共同难题

从现阶段的发展看来，BAT 都面临一些共同难题，具体如下。

1）在技术层面缺少行业共识

要想成功构建人工智能产业链，各层级的布局是关键。首先是基础层，基础层的生态构建价值最高，需要企业长期投入，进行战略布局。其次是通用技术层，需要企业在中长期内构建技术护城河。最后在解决方案层直击行业痛点，增强变现能力。而目前 BAT 多停留在解决方案层和通用技术层。

在开源方面，国外互联网巨头的布局比较完善。以微软为例，微软发布了一款基于其云平台的智能应用程序编程接口——“微软认知服务”，它涵盖了计算机视觉、语音、语言、知识、搜索五大方向的人工智能技术。最近，微软又将其深度学习工具的最新版本通过一个开源证书发布到 GitHub 上，研究人员可以通过使用这个新版本开发其他强化学习的人工智能。

相较之下，我国人工智能的发展在现阶段还没有形成协作创新的氛围。我们需要学习微软的发展路径，将人工智能在技术层面的行业共识促成一种风潮，从而助推我国人工智能的进一步发展。

2）人工智能人才缺乏

在我国，人工智能的发展现状可总结概括为“项目多、人不够”。从人才输送与培养角度来看，我国各大高校在此次商业变革中严重缺位，人工智能领域的人才要么从海外引进，要么在进入企业以后慢慢培养。

3）优质项目缺乏创新性

根据调查，很多人工智能领域的初创企业只是贴着人工智能的标签，实际上依然利用现有的平台用数据发展几个模型，甚至照搬国际模型。在图像识别、语音识别等成熟领域，我国企业的开源产品缺乏突破性的创新，因此市场上缺少优质的项目。

以上就是目前 BAT 在布局人工智能时所面临的问题。但可以预见的是，我国互联网企业在全球各国家看来都有着不可限量的潜力。阿里如果继续保持其人工智能领域的“保守中有所突破”战略，其前途将不可限量。腾讯的务实态度也决定了它可能在人工智能领域有重大的技术性突破。而最早进入人工智能领域的百度，若想真正通过人工智能技术将其逐渐下滑的业绩提升上来，需要进一步提升企业竞争力。

第2章 价值交换：人工智能与前沿技术的融合

目前我们正处在一个伟大的时代，科技创造了一切，同样也改变了一切。如果说要寻找一个和当年改变世界的工业革命那样的机会，那么人工智能无疑是一个突破口。不知不觉间，人工智能在改变人们的生活细节，也在引导着人类社会的宏观发展。

其中，正处在热潮中的人工智能在不断向人们的日常生活中渗入，但在发展的过程中，它并不“孤单”。人工智能的发展往往会伴随着其他技术的融合，并借助其他成熟的技术来突破发展瓶颈。在前沿技术中，与人工智能融合最广泛的有大数据、云计算、5G和区块链，下面我们将分别介绍当人工智能遇见这些前沿技术时，将给人类生活带来怎样的变化。

2.1 人工智能与大数据

在经济和科技快速发展的今天，很多人工智能应用平台都融合了大数据技术。

这不仅为很多创业型企业提供了新的发展机遇，还为很多大型互联网企业提供了换道超车的机会。

最新数据表明，近几年全球 500 强企业在大数据方面的投入呈指数级上升。其主要原因就是在互联网时代，数据技术成为企业战略发展的核心要务。并且，随着人工智能逐渐成为企业发展核心竞争力的重要因素，企业也正将其发展重点向人工智能研发偏移，尤其是对制造、生产型企业来说，智能化操作系统的建设已成为其转型升级的必经之路。

人工智能经过与大数据的融合，其应用市场与前几年相比已经截然不同。未来十至二十年，由大数据支撑的人工智能的应用会更加普及，这一领域将给全球范围内的各个行业带来颠覆性的变革。

2.1.1 人工智能离不开大数据

目前，无论在企业的发展中还是社会的应用中，人工智能和大数据可称得上目前最热门、最有用的两项技术。人工智能比大数据早诞生十年左右。前者的应用前文已经详细介绍了，而后者的应用指的是用大数据来分析计算机中存储的记录和数据。

毫不夸张地说，人工智能和大数据这两大现代技术的融合速度令人叹为观止。仅几年的发展时间，两者的结合就为深度学习注入了动能，驱动数据库的重复积累和更新，同时借助人类的干预和归纳进行实验优化等。人工智能可以推动大数据行业不断向前发展，大数据行业也对人工智能有反作用力，两者相互结合、相互发展，将人类的科技革命推向了智能化信息时代的新阶段。

放眼未来，人工智能技术将迎来全新的突破期，它将触发人类的下一次繁荣高潮。当前，随着大数据、云计算等技术的快速发展，基于人工智能搭建的各种生态链正在逐渐成为联系当前信息技术和未来科技发展的重要桥梁。

大数据和人工智能的迅速发展与快速融合，将深刻地改变人类社会，并成为各国经济发展的新引擎、国际竞争的新焦点。

2.1.2 大数据 + 人工智能=新的行业机遇

人工智能与大数据的融合发展是大势所趋，这一趋势也将为全球带来新的行业和机遇。未来，大部分行业都将随着二者的融合而转型和升级，诞生更多的产业和商业模式，并且主要应用于教育、医疗、环境、城市规划、司法服务等领域。伴随着对未来的期待，下文将详细介绍大数据与人工智能的融合是如何逐渐渗透到人类社会的生产和生活中来的。

从人工智能与大数据的融合阶段来看，目前总体处在爆发性增长的阶段。如此的行业现状，给众多企业和投资商带来了发展机遇。同时，随着企业和新兴产品数量的不断增长，这两项技术也在各个领域不断渗透。以中国为例，根据中国信息通信研究院发布的数据，我国人工智能企业大多分布在视觉、语音和自然语言处理领域。其中视觉领域占比高达 43%，语音与自然语言领域占比 41%。在目标市场中，“人工智能 +”也是传统企业转型升级中关注的重点。总而言之，在人工智能技术的发展及 BAT 等巨头的带领下，我国各企业都争先依据自身的数据优势来布局人工智能的发展，以提高企业竞争力，抢占市场份额。

在国际范围内，人工智能与大数据融合的影响也极大。麦肯锡报告预测，二者的融合可在未来十年内为全球 GDP 的增长贡献 1.2 个百分点，为全球经济活动增加 14 万亿美元的产值，其贡献率可以与历史上任何一次工业革命相媲美。

2.2 人工智能与云计算

云计算与大数据、人工智能的结合，将前沿技术落实到了人们的日常生活中。

科技的进步和终端设备的发展，将推动全球走向基于人工智能技术实现万物之间交互和决策的“万物智联”时代。这就需要一个能提供强大的计算能力、存储能力和数据分析能力的中枢来帮助人类实现目标，云计算便是具备这些能力的天然中枢。这也阐释了云计算在现实生活中的重要性。

以目前备受人们推崇的小米人工智能助手“小爱同学”为例。这个搭载于小米手机、音响等平台的人工智能助理具备人机交互功能，它能智能地根据用户语音识别进行各种定闹钟、开灯、放音乐等操作。目前基于金山云服务的支持，“小爱同学”已拥有了 3500 万名忠实用户。

由此看来，大数据、云计算与人工智能叠加形成的放大效应，重新构建了社会的基础设施，成为实现高质量发展、创造高品质生活的核心引擎。

2.2.1 计算机芯片的三次演变

人工智能的发展离不开云计算能力的提升。要想使云计算能力得到提升，最重要的就是提升硬件性能，特别是芯片性能。

目前，根据云计算模式，人工智能核心芯片的主要发展模式就是利用神经网络技术模仿人脑的思考。发展到现在，计算机芯片共经历了三次演变，如图 2-1 所示。

图 2-1 计算机芯片的三次演变

在计算机问世的早期，主要依靠强大的中央处理器（Central Processing Unit，CPU）来保持高速运行。但随着客户端的逐渐普及，CPU 在执行任务的过程中，出现了处理数据缓慢的局限性。在这个追求高效的时代，要想跟随人工智能的潮流、匹配人工智能的算法执行，CPU 必须改革。此外，在如今人工智能对大数据和云计算能力要求如此大的情况下，CPU 只有在性能方面进行改进或创造新型的计算机智能芯片，才能够让设备拥有完备的云计算能力。

在这种压力下，人们开发了一种名叫图形处理器（Graphics Processing Unit，GPU）的计算机芯片，有效地弥补了 CPU 在处理数据效率方面的不足。因为 GPU 存在多核处理器，即拥有更多的逻辑运算单元，因此它能同时处理多个复杂的数据，从而提升数据处理速度。此外，GPU 还具备并行结构，在处理图形数据和复杂算法方面也比 CPU 更加高效。

GPU 也是目前与人工智能相结合最多的芯片之一。早在 2006 年，英伟达公司就推出了一款名为统一计算设备架构（Compute Unified Device Architecture，CUDA）编程环境的 GPU，并在四年后着手布局人工智能的发展。经过十年的发展，在 2014 年，英伟达推出了全球第一个为深度学习而设计的芯片架构，它能够支持目前所有主流深度学习框架。现阶段，英伟达的 GPU 技术在全球依然保持世界领先地位。

在计算机芯片发展的第三个阶段，FPGA 现场可编程门阵列（Field Programmable Gate Array，FPGA）问世，它是对可编程器件的完善和发展。在 FPGA 的内部，包含海量的、重复的可配置逻辑块和布线信道等单元。这样的设计使 FPGA 的输入和输出不需要大量的计算，仅通过烧录好的硬件电路就能完成对信号的传输。因此，FPGA 在计算数据的效率和精准性方面较 GPU 有了很大的提升。

FPGA 在功耗方面也具有十足的优势。FPGA 中没有去指令和指令译码操作，因此它的能耗比能够达到 CPU 的 10 倍、GPU 的 3 倍。另外，FPGA 还具有高度的灵活性，可以为云计算功能的实现和优化留出更大的提升空间。

2.2.2 物联网崛起，云计算智能化

伴随着城市智能化进程的逐步加快和互联网技术的发展，在社会各行业中，受影响最大的是智能化建筑行业，该行业是全球支柱性产业之一。特别是随着物联网的崛起及云计算与人工智能的融合，智能建筑也已从早期的数字化建筑走向了基于传感器、分布式系统的社区化建筑。下文我们将以智能化建筑产业为例，介绍云计算与人工智能的融合。

现阶段，计算机智能化逐渐在公共建筑和民用建筑中普及，拥有多处智能建筑的智能社区逐渐增多。目前人们将智能社区定义为：在某个居住区域内，将互联网接入某种生活必需品中，并且这一必需品对该区域的经济发展有重要的推动作用，像生活用水、用电一样。

但在未来，随着人们对社区功能的需求越来越多，再加上海量信息的覆盖，互联网基础下的智能社区将难以满足大量数据的处理需求，因此需要云计算与物联网的融合来为满足这些需求打下技术基础。未来社区同样会以互联宽带为基础，但是在互联网的基础上，更重要的是云计算的发展。

目前，我国物联网和云计算的发展均处在高峰期，最近五年，我国物联网和云计算市场的年复合增长率分别将近 27%和 39%。然而，我们与欧美等国家物联网和云计算技术在智能化社区中的应用相比，还相差甚远，我国在此领域还处于概念设计阶段。产生这种差距的主要原因就是欧美国家在该领域的技术研发水平遥遥领先。特别是云计算技术，目前我国在该领域的应用主要集中在 IaaS 阶段——硬件虚拟化，而欧美等国早已普遍处于 PaaS 和 SaaS 的应用阶段——通过云计算产生服务价值。

由于技术的应用与发展阶段不同，我国与欧美等国的智能社区发展方向也有所不同。目前，我国在该领域更强调智能单体建筑的智能化应用，欧美国家则更加注重其智能化社区整体功能的体现。但无论哪种智能化社区，在未来要想处理

海量的数据，更好地实现实时远程监控，都离不开物联网和云计算这些新兴技术的融合与发展。

2.2.3 交互方式多元化，算法新升级

云计算从刚诞生就被业内人士称作一项伟大的技术。它正在影响着各个系统的工作方式、数据存储和信息决策，并为技术创新和发展研究铺平道路。在云计算的发展道路上，少不了人工智能的影响。人工智能技术支撑下的云计算，在数据存储和检索方面上升了一个台阶，它能够在完成信息收集、传播和学习动作的同时，还能做出智能的决策。

如今全球都了解云计算和人工智能的巨大潜力。随着越来越多的新兴领域企业都将云计算和人工智能纳入自身的业务核心，未来也会激励研究人员推出更高效、智能的云计算技术。然而，人工智能支撑下的云计算在全球范围内都处于初级发展阶段，企业必须在该领域投入更多，才能最大限度地利用这一技术实现企业战略目的的精准落实。

云计算与人工智能的融合也同样带来了算法的升级和交互方式多元化的发展。现阶段的云计算相当于一个“智能仓库”——深度学习与云计算的智能联合对信息进行保存、分析、学习和传递，以帮助框架信息和响应支持的决策。以下将分析人工智能与云计算的融合在哪些方面有新的算法升级。

1. 协同工作

云计算保留了人工智能的学习原则，是真正意义上的信息来源。它与人工智能的协同工作可以为使用者提供有效、准确的数据分析，并可能使云计算的数据结果和决策成为现实。这些实际的应用表明，人工智能和云计算的融合将给人类社会带来惊人的创造成果。

2. 加速学习

由于市场上应用场景的不断变化和科学技术的频繁升级，现代社会对人工智能的学习能力也在日益提升。而云计算正好能提供更精准、更高质量的数据，让深度学习不受任何干扰。

3. 商业化智能决策

企业在决策方面，可以通过人工智能和云计算的智能数据分析与存储来帮助其实现巨大的飞跃。企业在市场方面的数据、发展战略和商业计划都是极其重要的数据信息，只有将数据进行完整的整理和分析，才有可能帮助企业了解其薄弱的层面或关键优势，企业才能通过适当的商业预测，轻松填补自身的短板，达成发展战略目标。

4. 对云计算的需求增加

云计算现在已经成为许多互联网巨头或新型互联网企业优先发展的重要事项之一，原因是它能够帮助企业提高市场竞争力，应对市场上的挑战。以云计算为基础发展的“智能云”可以为智能输入提供大量数据。随着工业 4.0 的到来，市场竞争愈发激烈，拥有智能云的企业将拥有更强的企业竞争力。

依照目前人工智能和云计算两大技术融合发展的趋势来看，教育、医疗、金融、零售等领域也都将不断增加对云计算的需求量。在教育领域，智能云提供的数据可以支持并引导学生发挥其特长和天赋，为我国各领域培养高技术人才。在医疗领域，医疗团队可以利用智能云对患者进行确诊，为医生及时提供解决复杂医疗手术的新方法。在金融领域，智能云的计算能力更是银行、投资等行业所需要的。

5. 社交机器人、高级机器人及个人助理的诞生

国外的互联网巨头，如谷歌和微软等公司，都先后推出了聊天机器人或个人助理——谷歌的 Alexa 和微软的 Cortana 等，它们采用人工智能来提供基于云计算的信息，通过语音识别系统，分析用户的数据，并从结果中获取用户的偏好，使人机交互变得更加有趣，也使用户的生活变得更轻松。国内也有小米公司推出的“小爱同学”、阿里推出的“天猫精灵”等。

随着人工智能的发展，相信未来还会有更多基于此技术的更高级的云计算操作，企业的运营和业务范围也将越来越广泛。

2.3 人工智能与 5G

在全球范围内，无论企业还是投资界都在努力追赶人工智能发展的第三次热潮。换句话说，人工智能已经站在了强而有力的风口之上。但是，当人们将目光聚焦在人工智能的同时，也不应忽略 5G 网络在人工智能未来发展中所起的至关重要的作用。

2.3.1 人工智能实现网络自治

现阶段，5G 网络正在全球范围内展开火热的部署。与 4G 网络相比，5G 网络在数据传输速度、效率、时延等关键性指标上都有了质的提升。5G 时代的到来，将支撑更加丰富的应用场景，同时也给运营商带来了不小的挑战。为了应对挑战，运营商对运维模式的革新和网络的智能化能力都有了更高的要求。因此，人工智能与移动网络的融合是 5G 发展的一个必然趋势。人工智能不仅可以让移动网络具备高自动化能力，还可以驱动其自闭环和自决策能力，即实现智能自治网络。

5G 智能自治网络需要基于云计算，构建人工智能和大数据引擎。

为了在不增加网络复杂性的基础上，实现智能自治网络的目标，需要运营商在网络架构上制造分层。从部署位置来看，越往上层，数据越集中，数量越多，跨领域分析能力越强，更适合对计算能力要求很高、对实时性要求较低的数据做支撑。部署位置越往下层，越接近客户端，其专项分析能力越强，时效性越强。从通俗意义上来讲，智能自治网络需要基于“分层自治、垂直协同”的架构来实现。

罗马不是一天建成的，建设真正的智能自治网络也是一个长期的过程。目前，全球运营商都已展开了人工智能应用的深入探索，流量预测、基站自动部署、故障自动定位等方面的优秀案例正在不断涌现。同时，人工智能在移动网络中的应用也存在挑战。由于智能自治网络的业务流程与运营商的业务价值直接相关，因此运营商需要重新根据自身的组织架构、员工技术等限制因素来定义工作流程，并权衡成本，评估潜在价值，最终确定核心的智能自治网络场景。

人工智能驱动网络自治是 5G 时代的大势所趋，它将给移动网络带来根本性变革。网络将由当前的被动管理模式逐步向自主管理模式转变。人工智能、5G 和物联网是全球移动通信系统协会提出的“智能连接”愿景的三个核心要素，其中，人工智能与 5G 的融合发展，将给移动网络注入新的技术活力，并促进这个愿景真正实现。

在现实生活中，通过产业间的高度协同，人工智能和移动网络这两项技术已经改变了全人类的生活方式。它们的交汇融合必将再次重塑人类的未来。

2.3.2 5G 推动人工智能迅猛发展

提到 5G，人们就能联想到“人工智能”“大数据”“物联网”等关键词，因为这些技术都是需要依托 5G 来实现的，尤其是对人工智能。人工智能技术由于具备深度学习能力，能对其所存储或感受到的数据进行整理、分析，并在过程和结果中吸收知识经验来提升自己，而 5G 在数据方面的高效传输能力，有助于人工智能的快速升级和发展。

由于我国人口众多，互联网技术较为发达，网民数量也在持续增加，而网民的信息大多都被掌握在很多科技服务企业手中。数据规模逐渐庞大的同时，数据传输和存储的压力也会随之变大，而在人工智能技术应用方面，对数据传输和处理有着非常严格的要求。因此，5G 网络通信对人工智能的发展尤为重要。

5G 具有高速、高效、高质量、低时延等优势，人工智能在 5G 的影响下，能够提供更快的响应、更优质的内容、更高效的学习能力和更直观的用户体验。可以说，5G 不仅提升了网络速度，更能补足以人工智能为代表的新型技术的发展短板，成为驱动前沿科技的新动力。

2.3.3 人工智能让“网随人动”

在这个被各种科技冲击的时代，随着 5G、大数据、云计算及人工智能浪潮的到来，全球的国家和企业都应该绷紧神经、做好准备来迎接新形势和新未来，以防被时代所抛弃。往日的制造巨头诺基亚公司曾经说过：“打败我的从来不是竞争对手，而是时代。”因此，下文将以与 5G、人工智能关系最密切的电信领域为例，介绍企业应从哪几个方面入手，才能在各种科技的浪潮中打好根基，创造出“网随人动”的业界形态。

1. 重视人才的储备

在现实社会中，无论欧美国家还是我国，人工智能给企业带来的最大挑战并非技术，而是人才。人工智能的发展非常迅速，同时它又涉及多个学科，国家或企业要想重新培养一名优秀的人才不仅需要耗费大量的精力，更需要投入大量的成本，以至于人工智能人才不仅稀少而且昂贵。因此，企业要想提高核心竞争力，需要将成本预算多向人才的储备和培养方面倾斜。

2. 重视文化建设

与人才储备和培养相同，企业文化的建设也相当重要。要想加入人工智能领域，企业需要对自身原本的流程进行重新设定，制订周详的人工智能文化计划，进而推动员工的进步和发展。在网络运维的过程中，要想应用人工智能和 5G 技术，需要耗费大量的人力、物力和财力，因此，如果没有企业文化自上而下的推动力，无论人工智能还是 5G，都很难获得较大的发展。

由此可见，5G 与人工智能的关系是互相促进、互相作用、互相影响的。在两者的关系中，5G 相当于基础设施，是信息和数据的“高速公路”，它为庞大数据群的高效传递提供了可靠的保障。而人工智能相当于云端大脑，以及能够完成学习和演化的神经网络。5G 使万物互联成为可能，而人工智能将互联的机器设备赋予了人类的智慧。二者的结合将整个社会生产方式的变革和生产力的发展提升到一个前所未有的高度。

从蒸汽时代、电气时代到如今的科技时代，人类社会的发展日新月异。人工智能与 5G 相融合的时代也正快步走来，二者的结合将使社会上很多行业重新洗牌，医疗、教育、城市规划、金融等行业都将智能化。人类正在步入一个智能化的大时代，一个充满创新机遇的大时代。

2.4 人工智能与区块链

毋庸置疑，区块链技术是面向未来的。人工智能和区块链相互作用、相互影响，共同促进行业创新，二者在不同领域的应用都在引导着不同的产业发生根本性的变化。这两种技术的复杂程度不同、商业意义不同，但如果能将二者整合在一起，那么人类社会的商业模式和技术范畴可能将被重新定义。

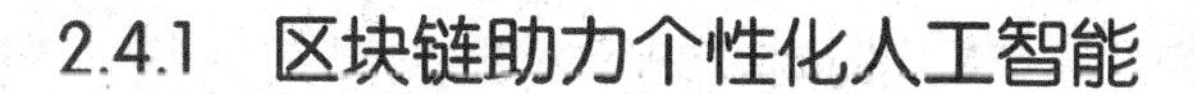

2.4.1 区块链助力个性化人工智能

与 5G 一样，区块链技术也是相对基础的技术，它对人工智能的作用，最主要的就是促使人工智能加速向智能化方向发展。

美国的 ObEN 就是一家将自主研发的人工智能项目与区块链进行融合的企业。该企业在 2017 年迪拜世界区块链峰会上荣获创业大赛第一名，并获得了包括腾讯、艺术购物馆 K11、韩国 SM 娱乐公司等大型企业约 2 500 万美元的投资。下文将介绍 ObEN 是如何将其人工智能项目与区块链融合并在实际应用场景中落地的。

在创业初期，ObEN 就抱着为每个人打造出自己的人工智能——个性化人工智能（Personal AI，PAI）的理念着手布局人工智能与区块链的融合发展。在 ObEN 的场景设想中，PAI 不仅长得像用户，并且基于语音识别技术，它说话的声音也会与用户类似，在未来，它甚至还会拥有与真人类似的性格。

目前，ObEN 推出的 PAI 是一个虚拟人像软件，它拥有对话、唱歌、读书、翻译、发短信、远程控制家电、提醒每天的日程等应用。ObEN 还以艺术购物馆 K11 创始人郑志刚为模型，建立了一个三维立体虚拟人物宣传视频，利用他的人工智能形象讲解艺术馆中的展项。该虚拟形象可通过深度学习使用不同的语言。

我国目前最成功的人工智能“歌手”名叫初音未来，它以虚拟形象开过多次演唱会并大受追捧。而 ObEN 对其 PAI 的语音和舞蹈学习功能大有信心，甚至在访谈中表示 PAI 在模拟人声中将超过初音未来。同时，PAI 还可根据系统中上传的跳舞视频，分析人物主体的骨骼结构，让虚拟人物准确地学习人物的舞蹈动作。而在此之前，这一技术需在真人身上安置传感器才能实现，如今只需通用算法就可直接实现。

通过以上描述可知，ObEN 为人们展示了一款充满惊喜和乐趣的高科技产品。然而随着算法的不断完善，云计算和大数据在信息处理方面的难度不断提升，其中最大的难点是虚拟形象版权问题。交友行业对信任的要求极高，只有确立了人工智能背后是真实的人，用户才愿意付出时间和精力。

在众多版权认证、溯源的技术方法中，区块链脱颖而出。ObEN 也曾尝试其他多种认证方式，但均不具备公信力。只有区块链作为一个不可篡改、实时记录的共识网络，受到了大众的广泛认可。

总而言之，区块链可以看作一个诚信的社区，通过端对端的实名认证，可以帮助每个用户确保自己的个性化人工智能只属于自己，或者是自己在数字世界的唯一映射。这也证明了区块链技术对人工智能个性化的有效支撑。

2.4.2 区块链让训练数据和模型成为知识产权

区块链和人工智能相当于一枚硬币的两面——充满了互补性。区块链甚至可以称得上低端的人工智能，其拥有的可扩展技术能帮助人工智能在数据训练方面激发应用潜力，因为人工智能和区块链都基于将大量数据聚合并分析的工作原理，形成为特定领域解决问题的自动化方案，并以此来增加数据的流动价值。

因此，区块链的特征能为人工智能带来以下机遇。

1. 去中心化性鼓励数据资源共享

（1）区块链技术能为人工智能带来更大量、全新的数据，也能带来高质量、新颖的数字化模型。

（2）区块链技术有利于人工智能在训练数据和模型中实行共享式控制。

2. 不可篡改性帮助记录、跟踪数据

区块链技术带来了训练测试数据和模型方面的溯源，从根本上提高了人工智能数据、模型的可信度。

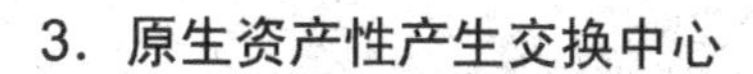

3. 原生资产性产生交换中心

区块链技术的原生资产性使训练数据和模型成为知识产权资产，因而产生了去中心化的数据交换中心。

综上所述，人工智能会让区块链更加人性化，区块链会使人工智能更加“自主”、可信。人类社会正在步入工业 4.0 阶段，该阶段将以智能化为主题，使人类社会的生产和生活实现质的飞跃。

人工智能 + 农业：促进乡村振兴

在我国，农业不仅是农民赖以生存的根本，也是促进经济社会稳定发展的重要动力。不过目前，随着人口的增长和城镇化的建设，农业正在面临十分严峻的挑战。要想顺利应对挑战，政府和企业必须进行技术开发。例如，将人工智能与农业结合在一起，可以实现农业的提质增效。

3.1 人工智能如何赋能农业

根据联合国粮食与农业组织的预测，到 2050 年，全球的人口总量将超过 90 亿人，这些人口对粮食的需求量将增长 70%。然而，由于土地资源缺乏、病虫害鉴定困难等问题，农业现状并不十分乐观。作为一项全新的技术，人工智能在改善农业现状方面展示出了非常强大的实力，成为很多企业争相抢夺的重点领域。

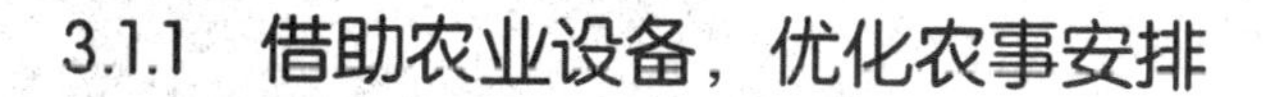

3.1.1 借助农业设备，优化农事安排

对农民来说，农作物收成好不好其实在很大程度上取决于农业安排是否合理。在技术日益发达的今天，如果还不能把农事安排做好，将给农民造成重大损失。随着人工智能时代的来临，农业的数字化生产被提到了前所未有的高度，这可以极大地促进农事安排的优化。

现在，与农业相关的数据越来越丰富、实用，借助多元化的农业设备，农产品的数据获取、筛选和优化也变得极其容易，农事安排也越加科学、合理。从农作物的种植到收获，都可以借助农业设备进行相关的管理，如图 3-1 所示。

图 3-1 农作物生长各阶段使用的典型农业设备

1．播种阶段的农业设备

在播种阶段，农民一改“面朝黄土背朝天”的耕作模式，迎来了更高效的智能播种模式。多种子种植机就是一种先进的播种工具，它不仅能够提高播种效率，还可以实现作物轮作，有助于农田的可持续发展和农产品的丰收。

另外，在此阶段，人工智能可以根据土壤状况，结合市场行情，为农民推荐最适合种植的农产品。这样，农民就能够做到不盲目生产，从而实现更加富裕。

2. 耕耘阶段的农业设备

在耕耘阶段，农民改变了传统的人力施肥和大水漫灌模式，借助农业物联网设施，进行更精准的农事安排管理。例如，借助田间摄像头、土壤温湿度监控仪和无人机航拍监控等设备，对农作物生长情况进行实时监控。

同时，借助大数据和云计算等技术，农民可以及时收到反馈信息。凭借数据分析，能够及时为农民筛选出有价值的信息，包括降雨量信息、土地的质量信息、作物年产量信息、天气信息、地块评估信息及农作物市场行情信息等。借助这些信息，农民能够更从容、更合理地进行作物的种植、生产等农事安排。

借助智能滴灌系统，农民能够更高效地使用水资源，使农作物以最快的速度吸收最多的水分。这样做一方面可以节约水资源，另一方面也能综合考虑农作物的生长习性，使其在最适宜的水分条件下健康地生长，最终使农民获得高产量和高收益。

3. 治理阶段的农业设备

在治理阶段，借助图像识别技术，农民用手机就能够识别出病虫害。同时，还能使用手机为农民推荐科学的病虫害治理方法。另外，借助智能软件工具，农民也可以进行实地考察。这些工具可以高效收集农作物的健康信息，以及反馈不同时节的病虫害信息，从而为农民提高治理病虫害的效率和质量。

4. 收获阶段的农业设备

在收获阶段，借助智能采摘机能够提高采摘效率。例如，美国加利福尼亚州的农业机器人企业 Aboundant Robotics 设计并上市了一款苹果采摘机器人。这款机器人功能强大，不仅能够提高采摘效率，而且不会对苹果树造成任何伤害。

Aboundant Robotics 官方数据显示，苹果采摘机器人的采摘速率为一秒一个。借助图像识别技术，它还能够做到智能采摘，即只采摘那些成熟的苹果。最后，借助机械手臂，苹果采摘机器人还可以通过真空管道将苹果安全地输送到地面，做到不损伤苹果。

总之，借助农业设备，农民不仅可以机智应对复杂的农业生产状况，而且能够在改善作物品种、提高作物产量、提高农业产值上取得更好的收益。农业设备的应用可谓收益多多。

在人工智能时代，农民应该如何做才能适应时代潮流，成为技术的受益人群呢？方法很明确，那就是不断学习新的技术，提升自己的综合实力，让自己成为一个人工智能小达人。

3.1.2 变革育种流程，研发新品种

从某种意义上来说，育种是不同优良等位基因的重新排列组合，其已经历了漫长的发展。过去，育种依靠的是专家的肉眼观察和主观判断，专家需要谨慎挑选出可以高产、抗性强的育种材料。之后，育种趋于职业化，专家可以提前设计杂交育种试验，并从作物的后代中挑选出比较好的品种进行栽培。现在，人工智能打破了“经验为王”的模式，将育种变得更加精准、高效。

自从人工智能出现以后，十年以内的相关信息（如作物对某种特定性状的遗传性、作物在不同气候条件下的具体表现等）都可以被提取出来。不仅如此，人工智能还可以用这些信息来建立一个概率模型。

拥有了这些远远超出一个专家所能够掌握的信息，人工智能就可以对哪些基因最有可能参与作物的某种特定性状进行精准预测。面对数百万计的基因序列，前沿的人工智能技术可极大地缩小搜索范围。

在育种流程中，人工智能的主要作用是从原始数据的不同集合中推导出最终的结论。有了这项技术的帮助，育种变得比之前更加精准和高效。另外，人工智能还可以对更大范围内的变量进行评估。

为了判断一个新的作物品种在不同条件下究竟会如何表现，专家可以通过电脑模拟来完成早期测试。这样的数字测试虽然短期内不会取代实地研究，但可以提升专家预测作物表现的准确性。也就是说，当一个新的作物品种被种到土壤中之前，人工智能已经帮助专家完成了一次非常全面的测试，而这样的测试也将使作物实现更好的生长。

21 世纪的第二个 10 年是各项技术突飞猛进的 10 年，同时也是育种领域步入崭新阶段的 10 年。之前，我国在育种和作物品种研发方面有待提高，人工智能的出现无疑改善了这一情况。如今，借助人工智能，我国的农业技术竞争力有了很大提高，科研创新成果的转化也得到了进一步加强。未来，人工智能将为农业带来更多喜人的变化。

3.1.3 借人工智能管理牛群

畜牧管理是农业的重要组成部分，人工智能可以在很多方面发挥作用，如满足营养需求、促进乡村发展、增加农民盈利等。在畜牧管理中，牛群管理占据了核心位置。随着时代的发展，传统的牛群管理模式已经不再适用。作为与农业十分契合的一项技术，人工智能可以和牛群管理擦出一些火花。

动物学家研究发现，当农场上出现人类时，牛会误以为人类是捕食者而产生紧张的情绪，这会对牛肉、牛奶等一系列农产品造成负面影响，借助人工智能管理牛群就能解决这个问题。通过智能识别，农场中的摄像装置可以准确锁定牛脸及其身体。经过深度学习后，人工智能还可以获取牛的情绪状态、进食状态和健康情况等一系列信息，并在第一时间将这些信息传递给养殖者，为养殖者提出合理的建议。

可以说，人工智能让养殖者不必出现在农场，这样就不会惊动牛群，但依旧能准确获得牛群的信息。例如，荷兰人工智能创业企业 Connec Terra 开发了“智能奶牛监测系统”，利用摄像头跟踪每头奶牛的行踪，经过智能分析后将人工智能的结论和现场情况一并传回给养殖者作为参考。

Connec Terra 因该系统获得了 180 万美元的种子轮投资。该系统建立在谷歌的开源人工智能平台 Tensor Flow 基础上，利用智能运动感应器 Fit Bits 获取奶牛的运动数据，以此作为奶牛的健康数据参考。

通过对奶牛的日常行为，包括行走、站立、躺下和咀嚼等进行深度学习，智能奶牛监测系统能够及时发现奶牛的异常情况。例如，某头奶牛平常吃三份干草，今天只吃了一份，而且活动量也比以前少，这就会引起系统的预警。

使用该系统，农场的效率有明显提升。相关数据显示，对一个典型的荷兰农场来说，使用了 Connec Terra 的智能奶牛监测系统以后，运营效率可以提高 20%~30%。

使用人工智能养牛的优势显而易见。一方面，养殖者无须浪费太多时间在农场巡视就可以获知每头牛的位置和健康状况；另一方面，牛群不用担心有人类出现，可以轻松地在农场生活。可以说，人工智能既减轻了养殖者的工作，又极大地提高了养殖产品的质量。

人工智能不会改变牛群管理的本质，只会使其更加自动化、便捷化，从而节省人力、物力。随着“人工智能+牛群管理”的不断成熟，养殖者不但可以脱离脏、臭、累、忙的养殖工作，还可以取得越来越丰厚的收益。在不久的将来，养殖者“坐在家里看着手机就可以把牛群管理好”的终极愿望肯定会实现。

3.1.4 高效的病虫害鉴定

对农民来说，没有什么事情要比保护好农作物更加重要。在现代农业中，农作物保护包含了灌溉、耕耘、处理病虫害等多个方面，其中最重要的就是处理病虫害。在处理病虫害时，精准的鉴定非常重要。

一般来讲，传统的病虫害鉴定是由农民通过视觉检查来完成的，这种方式存在两个比较明显的弊端——效率低、误差大。对一台融合了机器学习技术的计算机而言，鉴定病虫害实际上就是一个模式识别过程，整个过程非常高效。

将机器学习融入病虫害鉴定中，不仅可以使农业生产过程得到改进，还可以使人类的粮食需求得到充分满足。与此同时，自然资源也可以得到高效使用。在对数以万计的病虫害农作物照片进行分门别类以后，计算机可以确定病虫害的严重程度、持续时间，未来甚至还可以为农民提供一套完善的解决方案。这样的话，病虫害带来的损失就会降到最低。

现代农业的机器学习不仅有利于保证病虫害鉴定的精准性，还有利于减少因鉴定失误而导致的能源和资源的浪费。另外，农民也可以将卫星、巡游器、无人机等高端设备拍下的农业生产现场影像资料及手机拍摄的作物图像资料上传，再使用某些智能设备对其进行鉴定并制订相应的管理计划。

当然，除了鉴定病虫害，机器学习还可以帮助农民实现对农作物的适时灌溉，以及对土地的适时耕耘。正因如此，很多农民都开始重视并希望尽快引入机器学习，而这也进一步推动了现代农业的进步和完善。

病虫害方面的问题由来已久，人工智能和机器学习恰恰是解决该问题的突破点。虽然目前人工智能对病虫害鉴定的准确率还没有达到 100%，但是朝着这个方向努力总归是没有错的。病虫害鉴定是一项长远而艰苦的工作，只要脚踏实地、因地制宜，才能取得好的效果。

3.2 人工智能创新农业链

人工智能对农业链的创新作用不可忽视。首先，人工智能可以帮助农业打造垂直一体化的全产业链。其次，借助人工智能，可以建立以“企业 + 农业园区 + 市场”为基础的新型模式。最后，人工智能使经营体制转型为三维融合。

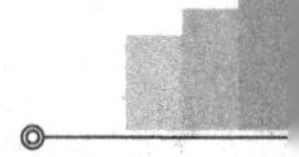

3.2.1 打造垂直一体化的全产业链

应用场景是人工智能发展的重要决胜场，为此，很多企业都推出了与之相关的实施计划。作为我国的支柱产业，农业自然也吸引了这些企业的目光。

如今，在消费升级、农业转型的影响下，全产业链的地位得到提升，通过人工智能打造垂直一体化的全产业链成为当务之急。全产业链是从产品生产到顾客反馈的完美闭环，需要对产品流通中的每个环节都实行标准化控制，如图 3-2 所示。

图 3-2 全产业链

农业的全产业链要做到垂直一体化，最关键的是打通上、中、下游之间的关系。

1．上游：控制农产品原料质量

对农业企业来说，农产品原料的质量就是根本，因此从产品的源头做起，控制农产品的原料质量是非常重要的。所以，充分发挥人工智能的作用，打造智能农田十分必要。

一方面，农民利用人工智能提高生产效率，可以获得更高的产量；通过人工智能的准确监控，农作物的优良质量也可以得到保障。另一方面，农业企业也可以利用人工智能打造内部的优质农田，提升市场竞争力和影响力。

2. 中游：提高精深加工能力

这一点是对农产品加工企业而言的。只有对农产品进行更加精细的加工，如把小麦加工成面包，企业才会有更多的利润上升空间和更强的市场竞争力。在深入发展企业精细加工能力方面，人工智能可以通过分析企业现有产品的加工程度，为企业提出合理的建议和意见，从而帮助企业生产出更加精细的产品。

3. 下游：进行品牌建设

对企业来说，口碑越好、品牌建设越完善，获得的利润就越高。因此，对品牌和销售渠道进行建设是企业应该长期关注的领域。在这方面，人工智能通过对企业以往的销售数据进行分析，找出与销量相关的因素，形成智能决策，为企业进行品牌建设提供参考方向。

当农业形成垂直一体化的产业链后，各环节的运作将十分流畅，运营成本大大降低，市场竞争力也会大大增强。由此可见，产业链走向垂直一体化已经是不可逆转的趋势，这得益于人工智能的支持和帮助。

3.2.2 开创“企业 + 农业园区 + 市场”模式

时代在变化，农业的地位要想得到巩固，并为国民经济的增长贡献更多的力量，其发展模式也应该不断创新。在人工智能的助力下，一种新型的“企业 + 农业园区 + 市场”模式已经出现，为农业注入了一股新鲜的血液。

在“企业 + 农业园区 + 市场”模式中，企业是主导，农业园区是关键，市场是目标。

1. 企业是主导

企业确立生产目标、生产标准、产品理念之后，作为主导对农业园区进行统一设计。人工智能在其中起到辅助决策和提出设计建议的作用。

2. 农业园区是关键

农业园区是生产的示范点，因此应充分体现智慧农业的特点。利用人工智能，农业园区可以率先实现无人监管，并对农作物进行智能化和自动化的除草、灌溉等培育工作，这样可以降低人工成本，也可带领顾客参观和采摘，获得一定的效益。

3. 市场是目标

无论怎样的发展模式，最终都会落到赢得市场这一终极目标上。为了抢占市场的先机，人工智能的智能分析和决策能力必须得到重视。市场动态可由人工智能软件全面掌握，通过人工智能软件的预测，为企业的市场营销方式提供依据。

在传统农业的“企业＋农户”模式中，企业和农户在沟通组织上存在众多利益争端，不是未来智慧农业的主流发展模式。而“企业＋农业园区＋市场”三位一体的发展模式将利益纷争降到最低，农户在农业园区中作为种植者而非经营者的角色存在，减少了与企业的利益冲突。

“企业＋农业园区＋市场”模式由于充分结合了人工智能，降低了人工成本和农业灾害的威胁，必定会成为智慧农业的主流组织形式。针对智慧农业的发展，我国提出了“5 年愿景”：技术攻关（2019 年）—产品设计与开发（2020 年）—集成应用（2021 年）—引领整个农业（2022 年）—培育产业（2025 年）。

目前，以阿里、腾讯、百度为代表的互联网企业巨头积极发挥自身在技术、品牌等方面的优势，极力推动智慧农业的发展。未来，智慧农业将从技术应用走向产业服务，这也是政府、企业、民众共同期望的。

3.2.3 将经营体制转型为三维融合

很多时候，产业链能否成功主要取决于效益的多少，而效益的多少则取决于经营体制是否合理。在智慧农业日益成熟的今天，传统的经营体制已经失去作用，其所带来的品牌溢价也大不如从前。要想扭转这样的局面，必须对经营体制进行转型，并尽快完成三维融合。

所谓“三维”，是指品牌、标准、规模。其中，品牌化是核心，标准化是保障，规模化是手段。

1. 品牌化是核心

要想使产品实现价格增值，核心是形成品牌。传统农业链由于没有成型的品牌，在生产销售的各环节中无法避免行业风险。因此，充分利用人工智能强大的数据分析能力，准确定位企业的品牌形象是正确的做法。只有在品牌的保障下，产品才会有品牌溢价，这对本身利润并不高的农产品来说十分重要。

2. 标准化是保障

要想建立成功的品牌，必定离不开标准化。企业需要通过人工智能实现自上而下的监督，保证相关标准的制定和贯彻落实，只有这样才能将品牌理念落到实处，做出真正有影响力的农产品，进而获得品牌溢价。

3. 规模化是手段

当企业已经有成熟的品牌和标准后，扩大规模是获得更多市场的必经之路。智能机器人因为自身的精准度和效率高于人工作业从而有利于企业扩大生产规模。通过规模化生产，企业能够获得规模效应，迅速打开市场。

农业的经营其实和其他行业一样，都需要合理的经营体制才能获得可持续发展。“品牌+标准+规模”三维融合的经营体制符合现代农业的要求，是未来智慧农业的发展方向。由于这样的经营体制有利于降低农业生产成本、提高农业生产效率、保护乡村生态环境，因此我国政府为其发展提供了强大的支持和帮助。

第4章 人工智能+金融：变革金融产品与业务

人工智能的迅猛发展正在使金融领域发生颠覆性变革，并且推动了一系列产品和业务的创新。作为一项基础性技术，人工智能具有非常强大的溢出带动性，可以促进金融机构的转型升级。可以说，在金融领域逐渐走向数字化、智能化、自动化的过程中，人工智能发挥了不可忽视的“领头羊”作用。

4.1 “人工智能+金融”的三大技术支撑

在万物互联的时代，随着数据的增多，以及深度学习算法的优化，“人工智能+金融”可以让客户享受到更加极致和垂直的金融服务。而在这样的服务背后，还有着重要的技术支撑，包括知识图谱、深度学习和自然语言处理。

4.1.1 知识图谱：提高金融工作的效率与质量

知识图谱是一种由节点和边组成的数据结构，其中，每个节点代表一个实体，每条边代表实体与实体之间的关系，如图 4-1 所示。

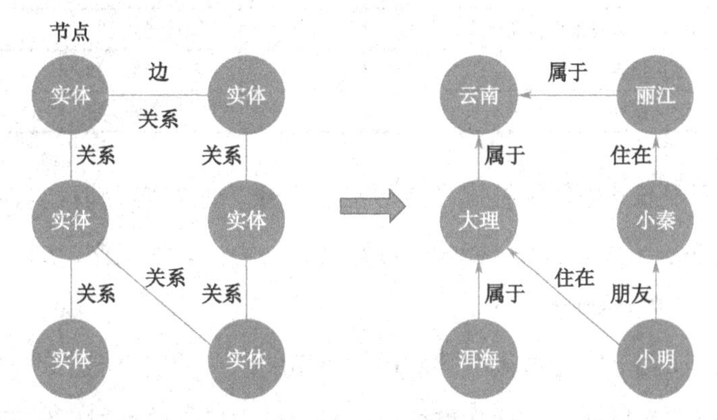

图 4-1 知识图谱

知识图谱的构建不是空中楼阁，而是需要对现有数据进行精细化、智能化的加工。知识图谱的数据包括结构化数据、半结构化数据及客户数据等。知识图谱在本质上是一个关系链，可以把两个或多个孤单的数据联系在一起，最终形成一个数据集合。

当然，在构建知识图谱的过程中，会用到很多算法，如神经网络算法、深度学习等。如今，知识图谱通常被用来泛指各种大规模的知识库。随着知识图谱的广泛应用，其在金融领域也有着独特的功能，如表 4-1 所示。

纵观知识图谱在金融领域的功能，不难发现，它有三个强大的功能。

（1）知识图谱能够解放人力，替代一些简单重复的金融劳动，如金融搜索与问答功能。

（2）知识图谱能够提高工作效率。通过智能数据的分析，智能金融能够自动化地生成报告和新闻，还可以自动化地进行监管和审计。

表 4-1 知识图谱在金融领域的功能

序号	功能	序号	功能
1	传统数据终端的增强或替代	9	自动化监管和预警
2	金融搜索与问答	10	自动化审计
3	公告、研报摘要	11	法规和案例搜索
4	个人信贷反欺诈	12	自动化合规检查
5	信贷准备自动化	13	产业链自动化分析
6	信用评级数据准备自动化	14	跨市场对标
7	自动化报告	15	营销和客户推荐
8	自动化新闻	16	长期客户顾问

（3）知识图谱的应用能够提高金融客服质量，提高客户满意度。知识图谱能够对产业链进行自动化分析，智能化推荐客户并进行营销工作，成为客户的长期顾问，增加客户的依赖度。

总之，知识图谱在金融领域的应用，采用的是一种自下而上的方式。这样的方式能够从既有数据中总结提取结构化数据，优点是循序渐进，便于进行商业落地。借助知识图谱，金融机构的业务能力将迎来质的飞跃。

知识图谱可以推动人工智能的发展，也可以促进人工智能与金融领域的结合，这是毋庸置疑的。但是就现阶段而言，在技术尚未足够成熟、中小企业缺乏资金和人才的情况下，不妨先从简单、容易上手的系统做起，然后逐步演进和升级。

4.1.2 深度学习：预测金融市场，创新金融交易

最近几年，随着深度学习在世界范围内变得越来越流行，这项技术正逐渐被人们理解和接受。无论现在深度学习的应用情况如何，不可否认的是，它可以在识别和预测方面达到很高的准确性，这样的准确性对金融领域而言非常重要。

目前，金融市场总是面临多变的社会环境和复杂多变的政策因素，而深度学习恰恰能够在干扰因素极多、变量条件非常复杂的情况下完成高智能的深度处理。这一特点与金融市场几乎完全契合。使金融市场在金融预测和金融方法的改良上

有明显的提高。整体来看，深度学习与金融领域的结合有着巨大的优势，具体可以从以下四个方面加以说明。

1. 深度学习能够自主智能地选择金融信息，预测金融市场的运行

金融证券行业易受到社会事件和人们心理因素的影响。当政策形势发生改变，证券的价格也会随之涨跌。另外，人们大都有从众心理，容易在投资、买股过程中产生跟风行为，然而有些跟风行为是不明智的。有些人正是因为盲目投身于股市，过于跟风投顾，最终赔了本钱，甚至负债累累。

深度学习的应用将有效解决类似这样的问题。深度学习基于循环神经网络算法，能够智能地利用自然语言处理，准确把握社会状况和舆情进展。在此基础上，提取出可能影响金融走势的事件，并提醒人们注意，最终合理规避这一事件，取得金融投资的盈利。

在金融领域，对未来金融产品价格的预测一直是热门。在 PC 时代早期，机器学习算法也曾经有类似的应用。随着技术水平的提升，如今越来越多的专家也开始利用深度学习模型来提高对未来预测的精确性。

目前在对价格未来的变动方向和变动趋势的预测上，深度学习模型已经有了明显的效果。例如，借助深度学习网络训练机器，可以帮助金融机构进行智能预测、筛选日常交易数据，并为其相关决策提供数据支撑。

2. 深度学习能够深度挖掘金融领域的文本信息

文本挖掘是信息分析的重要环节，深刻影响着金融机构的决策。随着时代的进步、互联网的迅猛发展，以及人工智能的初步应用，信息的传输速度已经取得了质的飞跃。如今，我们已经走在了“信息的高速公路上”，步入了“信息爆炸”“知识爆炸”的时代。

然而，信息爆炸并不意味着信息处理能力的飞跃或信息处理技术的爆炸。在金融领域，信息处理能力仍然是发展的短板。深度学习的应用将进一步提高文本

挖掘能力，从而使金融决策更加精准、有效。

3. 深度学习能够辅助投资者改善交易策略

在金融领域，现代投资风险管理中面临的一个最重要的问题就是投资模型过于同质化。投资模型的同质化有两个重要的危害。第一，同质化的投资模型会严重影响微观投资者的投资收益；第二，宏观市场利用同质化的投资模型，将缺失流动性，在发生经济危机时还会引起更严重的后果。

深度学习能够有效解决这一问题。具体地说，深度学习能够综合考虑金融机构的发展状况、投资产品的未来效益，以及客户对投资产品的未来需求，并在此基础上智能地推荐差异化的投资策略。总之，深度学习会实现投资者的投资效益最大化。

4. 借助深度学习，金融机构的覆盖面将更广，并关注众多潜在的小微投资者

一般而言，金融机构更倾向于高收入人群。然而，高收入人群却有着相反的做法，他们更倾向于通过私人银行进行理财，而且能够形成一种长久的合作关系。金融机构对小微投资者的投资行为总是谨小慎微，而且一直抬高投资门槛。金融机构认为，小微投资者的人均资产相对较低，不容易取得高额的投资回报。

但是金融机构忽视了很重要的一点：小微投资者数量众多。在大数据广泛应用的今天，通过历史数据，金融机构可以很容易地分析出小微投资者的财务状况，从而对其进行合理的投资行为。长期利用深度学习技术的大数据，能够更加关注处于长尾链条中的小微投资者，从而实现精细化投资，投资回报率也能通过量的积累达到质的飞跃。

总而言之，将深度学习引入金融领域非常必要。实际上，对深度学习来说，现在是入驻金融领域的一个很好的时机，因为金融机构真的需要精准的预测能力。通过技术解决金融问题，是新时代的风口，更是一个全新的开始。

4.1.3 自然语言处理：金融信息的复核与搜索

自然语言处理是“人工智能+金融”的第三大技术支撑，已经融入了我们的日常生活中。与自然语言处理相关的应用案例也层出不穷，如智能客服机器人等。

在金融领域，如果能够充分利用自然语言处理，将大幅提高金融机构的工作效率。因为在金融市场上，每天都充斥着海量的财经新科技、财经新闻等，金融工作者必须在无尽的数据收集工作中挣扎，力求取得最准确的数据，得出最有效的结论。

目前，在金融市场上出现的自然语言处理可应用于以下几个方面。

1. 金融信息复核

在金融业务中，信息复核就是交易校验。一般而言，在对公业务中，信息复核量超大，需要多名金融工作者才可以完成。而自然语言处理的应用将大大减少人力投入，同时提高信息复核的准确性和效率。

自然语言处理基于特有的语言读取和语义理解技术，能够模仿人类进行信息的高效审核。同时，计算机由于不需要休息，所以能够无眠无休地进行信息的复核工作。这一方面可以为金融工作者解压；另一方面，也会让金融工作者把工作的重心转移到为客户服务中上，或者转移到其他更有价值的工作中上。

2. 金融信息的垂直搜索

我们此处以物联网产业中金融信息的垂直搜索为例进行说明。整个垂直搜索的流程大致如下。

（1）利用自然语言处理顺利梳理物联网企业的产业链条。

（2）借助自然语言处理，我们能够清晰地看到产业链上各家企业的基本信息。例如，财务指标、市场规模、产品专利信息，以及合作者或潜在合作者等。

（3）之后，我们就可以很容易地抽取出产品的竞争格局及市场规模等信息。

（4）最后，借助自然语言处理，我们能够轻松地生成产业报告。产业报告中包含了业务布局、产品专利数量、投融资规模等关键信息。

这样，我们就能对整个行业的金融信息做一个垂直又细致的划分，最终做出最明智的决策。

3. 自动生成金融信息报告

综合大数据、自然语言处理等技术，金融机构能够自动生成企业或其他组织的金融信息报告。该报告涵盖的信息范围很广。例如，企业的基本信息、企业近五年的财务报表、同类企业对比、企业的销售模式和股权结构、企业的潜在客户和未来市场规模等。

这些数据的及时收集，能够让金融机构对企业的整体情况有一个全方位的了解，特别是对企业的财务现状有一个深刻的认知。另外，金融机构还可以对其他金融机构的财务信息进行综合分析，做到知己知彼，科学决策，让自己未来可以获得更好的发展。

4.2 人工智能引领金融变革

在传统的金融领域，成本、业态、风控等困境十分显著，这不仅是对客户和金融机构的打击，更是对整个金融环境乃至国民经济的打击。但是，人工智能出现以后，一切都变得不同了。首先，服务成本进一步降低了；其次，金融新业态开始出现，理财变得更加简单；最后，风控模型逐渐增多，金融机构的风控能力得到加强。

4.2.1 降低服务成本，优化客户体验

云计算、大数据、深度学习等技术推动了人工智能浪潮的到来，这些技术可以简化服务的流程，从而提升服务的效率。对金融机构而言，效率的提升在一定程度上意味着成本的降低，可以为客户带来更多便利。

人工智能会提升工作效率，但是金融领域工作效率的提升并非一步到位的，而是经过四个严密的步骤，分别是金融业务流程的数据化、数据逐步资产化、数据应用场景化和整个金融流程的智能化。

随着数据的不断积累和优化整合，智能金融也将不断拓展细分场景，不断提升业务效能。目前，人工智能虽然才刚刚开始发展，但已经产生了深远的影响。例如，在瑞士有一个 1000 人的交易大厅，现在却已经不复存在，是因为业务越来越少吗？并不是，交易大厅的交易量其实在翻番，不过交易人员已经被机器替代。高盛集团也有一个交易大厅，当年拥有 600 名交易人员，到今天变成只有 4 个，其他交易人员的工作都由机器完成。原因很简单，因为机器看得更广、更宽，时效也更快，抓得更精准，执行更有效。可以说，机器的能力在一定程度上要远远超过交易人员的能力。

这两个虽然只是个案，但是透露出了很多信息。在金融领域，人工智能的自动化水平和工作效率要远远高于人力。越来越多的普通交易人员将逐渐被机器替代，从而为金融机构节约大量的成本和人力资源。

4.2.2 拓展边界，发展金融新业态

“人工智能＋金融”不仅是一个前瞻的概念，也是可以应用到各个细分领域的大趋势，是融合发展时代的产物。人工智能能够贯穿金融业务的各个领域，拓展金融服务边界，将金融服务细分为服务场景和服务人群。

PPmoney 就是典型的金融理财工具。借助人工智能，PPmoney 能够遵循其基础理念，做到产品分类明确、客户分层清晰、千人千面理财和提供智能撮合服务。而且 PPmoney 不断进行产品的迭代，如今在智能风控、智能借贷、智能理财、智能投顾和智能评分领域都取得了很不错的成绩，深受客户的欢迎和喜爱。

同时，金融机构也在努力探索如何借助人工智能提升金融服务的智能化水平。对此，中信银行给出了相对明确的答案。金融服务提升智能化水平的关键在于应用先进的人工智能，借助“人工智能＋金融服务”模式，提升金融数据的挖掘和分析能力，提升市场行情的分析和预测能力，提升满足需求的服务能力，提升金融风险的管理和防控能力。

另外，在人工智能与金融融合发展的道路上，以技术开发为核心的互联网巨头已经做出了许多积极有益的尝试。互联网巨头不断拓展金融服务的边界，不断尝试构建新的金融生态体系，使更多的客户受益。最著名的案例就是由百度和中信银行联手打造的百信银行。对于百信银行，百度曾经用最简单、最有力量的话语表述：“我们要借助人工智能的能力，把百信银行打造成最懂客户、同时最懂金融产品的智慧金融服务平台，真正让金融离所有客户更近一点。”

在金融领域，百信银行逐渐加大了智慧金融服务平台的建设。目前已经有 300 多家金融机构与百信银行展开合作，并接入智慧金融服务平台，实现全面的数据共享。在智能服务领域，百信银行借助人脸识别、语音识别等技术，逐渐进行智能金融产品的商业化落地，不断提升客户的使用体验。

未来，百信银行将打造更先进的智能金融产品，这些产品将与客户的手机相连接。这样客户就可以足不出户享受所有智能金融服务。在技术的快速推进下，百信银行能够真正做到让复杂的金融服务变得更加简单、便捷。

“人工智能＋金融”的道路虽然还很漫长，但是随着各项技术的成熟和落地，金融服务的边界势必被进一步拓展。与此同时，金融机构也会推出更有价值、更智能化的金融产品，以便为客户创造更好的消费环境，提供更完美的金融服务。

4.2.3 提高金融风控的能力

现在无论银行、保险，还是证券，抑或是其他金融机构，都在运用大数据、人工智能、云计算等技术来提升自己的风控能力，从而降低成本，改善客户体验。由此可见，优质的金融服务离不开完善的风险控制。

人工智能应用于金融领域的一个亮点就是借助各种智能算法和智能分析模型提高金融风控的能力。金融领域的很多专家都认为，人工智能要在金融风控领域发挥力挽狂澜的作用，必须满足三大条件，分别是有效的海量数据、合适的风控模型和大量的技术人才。

1. 金融风控离不开数据

数据必须很详细、很具体，数据分析人员或智能投顾机器人才能够借助这些数据迅速分析出客户的基本特征，描摹出客户的基本画像。例如，数据要包括客户的性别、年龄、职业、婚姻状况、家庭基本信息、近期的消费特征、社交圈及个人金融信誉等信息。当人工智能能够有效抓住这些有价值的数据时，就可以很高效地进行各种金融风控，以及合理地进行金融产品的投资与规划。

金融风控的核心在于针对客户进行个性化的投资。只有借助大数据，仔细分析客户的各种金融消费行为，描摹客户的画像，才能够实现智能的金融风控。虽然金融风控行走在风口，但是目前其技术发展仍处于初级阶段。

此外，人工智能特别注重数据的处理和分析，然而，如今的网络环境使数据的安全堪忧。例如，日益开放的网络环境、更加分布式的网络部署，使数据的应用边界越来越模糊，数据被泄露的风险很大。由此可见，金融机构必须重视客户的数据安全。金融机构在获取客户的各种数据、描摹客户的画像时，必须征得客户的同意，特别是要利用技术手段告知客户。在获得客户的允许后，金融机构才能够获取客户的数据。

蚂蚁金服在这方面做得很出色。蚂蚁金服在获取客户的数据后，会利用技术手段及严谨的第三方审核手段，进行数据的加密和脱敏。然后把相关的数据传输给金融机构，这样既能够有效描摹客户画像，又能够保证数据的安全。

2. 金融风控离不开合适的风控模型

风控模型离不开大数据、云计算等技术。借助超高的运算分析能力，风控模型不断对海量的客户数据库进行数据优化，从而更精准地找到客户，留存客户，最终使客户成为产品的忠实粉丝。另外，合适的风控模型也能够提高客服的效率，会使客户的满意度更高。

3. 金融风控离不开大量的技术人才

技术人才是新时代的一种新兴人才，他们不仅要有专业的金融学领域的各种知识，还要具备专业的智能分析能力。对金融机构来说，只有不断汇聚这样的技术人才，才能够进一步提升金融风控的能力，创新金融风控的方法。

当然，金融风控也离不开社会各界的广泛支持。教育部门要不断实施教育体制改革，培养更多的技术人才；企业要加大人工智能方面的资本投入，促进人工智能的尽快落地；社会上的商业精英要不断深入实践，深入生活，发现场景化的智能金融应用，寻找新的商机。在这种产学研不断配合的趋势下，“人工智能+金融”将获得更好的发展。

4.3 人工智能在金融领域的应用

不需要很长时间，人工智能就可能介入大多数的金融交易，而且会出现一系列极具代表性的案例。在智能投顾方面，Wealthfront 做得有声有色，掌控了大量的资金；在资产管理方面，Betterment 建立了强硬的技术支持和完善的服务渠道，深受客户喜爱；在金融信贷方面，读秒优化了金融机构的信贷决策，降低了借贷方和金融机构的风险。

4.3.1 Wealthfront：新型的智能投顾平台

受到“人工智能+金融”的影响，智能投顾在各个国家迅速崛起，并出现了很多出色的应用案例，其中尤以美国的智能投顾平台 Wealthfront 为代表。Wealthfront 借助计算机模型和云计算，为客户提供个性化、专业化的资产投资组合建议，如股票配置、债权配置、股票期权操作及房地产配置等。

Wealthfront 具有五个显著的优势：成本低、操作便捷、避免投资情绪化、分散投资风险及信息透明度高，其竞争力和影响力主要来源于这五个优势。当然，Wealthfront 能得到快速发展也离不开强大的人工智能和具有超强竞争力的模型、美国成熟的电子资金转账（Electronic Funds Transfer，EFT）市场、优秀的管理团队和雄厚的投资团队、完善的证券交易委员会（United States Securities and Exchange Commission，SEC）监管。

1. Wealthfront 离不开强大的人工智能和具有超强竞争力的模型

Wealthfront 具有强大的数据处理能力，能够为客户提供个性化的投资理财服务。借助云计算，Wealthfront 还能够提高资产配置的效率，大大节约费用，降低成本。借助人工智能，Wealthfront 打造了具有超强竞争力的投顾模型，该模型充分融合了金融市场的最新理论与技术，可以为客户提供最权威、最专业、最精湛的服务。

2. 美国成熟的 EFT 市场为 Wealthfront 提供了大量的投资工具

美国的 ETF 种类繁多，预计超过 1000 种。而且经过不断的发展，美国的 ETF 资产规模已经达到上万亿美元，这就能够满足不同客户的多元需求。

3. Wealthfront 离不开优秀的管理团队和雄厚的投资团队

Wealthfront 的许多核心管理成员都来自易贝、苹果、微软、脸谱、推特等世界知名企业。投资团队中的成员各个身怀绝技，投资经验丰富。而且他们无论在商界、学界还是政界，都有丰富的人脉关系和资源优势。

4. Wealthfront 离不开完善的 SEC 监管

美国的 SEC 监管比较完善，同时还下设投资管理部，专门负责颁发投资顾问资格。在这种健全的监管体制下，Wealthfront 才能顺利地进行理财服务和资产管理业务。

种种因素的综合叠加，使得 Wealthfront 越来越强大。Wealthfront 借助智能推荐引擎技术，能够为客户提供定制化的金融服务；借助智能语音系统，能够及时为客户提供优质的线上服务，这就大大节省了客户的时间，提高了客户的使用效率。

总而言之，Wealthfront 充分发挥了人工智能的价值，而且通过对各项技术的综合使用，在降低成本、提升效率的同时，还能为客户提供极致的体验。有了 Wealthfront，客户再也不需要担心自己的资金得不到充分利用，金融机构所面临的风险也大大降低。

4.3.2 Betterment：实现智能化的资产管理

相比 Wealthfront，我国的客户可能对 Betterment 没有特别透彻的了解。Betterment 是一家智能投顾企业，在美国拥有很高的知名度。该企业的发展理念是确保客户的收益，确保整个投顾行为符合客户的目标，不让客户遭受不必要的损失。

Betterment 为客户推出智能化的资产管理功能，如向客户提供基金、股票、债权、房地产配置等多项服务。Betterment 的独到之处在于始终坚持目标导向型的投资策略，即“以客户为中心”。为此，Betterment 会根据客户的理财目标，为他们智能推荐优秀的、恰当的资产配置组合方案，而且会不断完善他们的投资计划。这样，客户就能够实施风险相对较低但是收益很丰厚的投资计划。

例如，当 Betterment 为客户制订退休储蓄计划时，会根据客户的状况询问许多问题。问题大致包括：退休金的年额度、客户的日常支出状况及客户的社保投资计划等。通盘考虑这些问题后，Betterment 会利用大数据和行管算法，智能地为客户提供一个可以达到既定目标的退休储蓄计划，最终使客户受益匪浅。

Betterment 之所以能够有这样的功效，离不开强硬的技术支持和完善的服务渠道。一方面，Betterment 会全面地进行数据的采集与整合。其技术团队特地推出了一个整合账户的方法，即通过数据采集，把客户的银行账户、消费状况及贷款情况等基本数据汇入一个新的账户。做出全面的数据整合后，再客户提供一个整合度高的资产配置建议。另一方面，Betterment 也在不断扩展自身的服务渠道。Betterment 不仅直接面对客户直销市场，还为专业的金融投顾人员提供服务。服务渠道的拓宽为 Betterment 的智能投顾带来了更多的新客户，也提升了其在智能投顾领域的影响力。

Betterment 希望成为一个获得客户青睐的技术驱动型智能投顾企业，这与现代化金融的观点不谋而合。未来，Betterment 将开发更多更好的理财产品，而且这些理财产品都具有非常强的个性化和针对性。在 Wealthfront 和 Betterment 的引领下，很多企业也开始入局智能投顾和资产管理业务，这些企业同样是金融领域不可或缺的重要力量。

4.3.3 读秒：基于人工智能的信贷解决方案

传统的信贷有很多弊端，如主观色彩强烈、流程烦琐、成本高、效率低等。

为了消除这些弊端，读秒应运而生，它是一个基于人工智能的信贷解决方案。相关数据显示，读秒正式推出之后没有多久，接入读秒的数据源就已经超过了 40 个。通过 API 接口，这些数据源可以被实时调取和使用。

接入数据源后，“读秒”还可以通过多个自建模型（如预估负债比、欺诈、预估收入等）对数据进行深入的清洗和挖掘，并在此基础上，综合平衡卡和决策引擎的相关建议来做出最终的信贷决策，而且所有的信贷决策都是平行进行的。

一般来说，只需要 10 秒左右，读秒就可以做出信贷决策，在这背后，不仅有前期日积月累的数据收集和分析，还有绝对不可以忽视的模型计算。读秒的合作伙伴虽然经常会为其提供大量数据，但是真正有价值、有用途的数据基本上都是需要挖掘的。也就是说，并不是获取到数据，然后将其放在一个很神奇的机器学习模型里就可以把结果预测出来，整个过程并没有那么简单。

例如，客户在申请信贷时会产生各种各样的数据，包括交易数据、信用数据、行为数据等，这些数据可以帮助金融机构深入了解客户。然而，这些数据是需要挖掘的，只不过挖掘的过程与信贷的过程并不是相融合的。

有了海量的数据之后，读秒需要利用距离、分组等决策算法，从这些数据中筛选出适用的模型，以便更好地规避风险。例如，客户如果在多个平台借款，那么读秒就会分析这个客户的借款频率，以及借款的次数与借款平台数量之间的关系，并将其组建为模型。

不同的客户在不同平台留存的数据虽然看起来并没有太大关联，但这些数据之间会形成网络交织。而且，随着客户数量的不断增加，留存的数据也会越来越多，这样的话，读秒的自创模型就可以得到进一步优化，从而适用于更多场景。

由此看来，读秒的数据并不是面向一个客户，而是面向一群客户，也正因为这样，再加上前期累积的“功力”，才造就了读秒的 10 秒决策速度。

如今，以读秒为代表的智能信贷解决方案不仅让信贷决策变得更加科学、合理、准确，让借贷方和金融机构免遭风险，还进一步提升了金融领域的稳定性和安全性。

人工智能+娱乐：营造"高大上"的感觉

在人类发展的进程中，食物和娱乐始终是两大主题。早期，食物牢牢占据着核心位置，人类几乎把所有时间和精力都放在了获取食物上。如今，生产力不断发展，娱乐逐渐成为人类重点关注的部分。那么，人工智能时代，人类的娱乐将何去何从？

5.1 "人工智能+娱乐"=泛娱乐

人工智能与娱乐的融合和聚变催生了泛娱乐，一个接一个充满创意的 IP 项目、优美动听的音乐作品、能聊天的儿童机器人，为人类带来了一个接一个的惊喜。相关数据显示，到 2020 年，泛娱乐的市场规模接近 9 000 亿元。正是如此广阔的发展空间，吸引了不少企业蜂拥而入。可以说，泛娱乐的前景十分可期。

5.1.1 音乐创作焕发新的生机

人工智能正在逐步替代更多的人力。就目前的情况来看，基于人工智能的机器可以做越来越多的事情。例如，在音乐创作领域，智能机器人可以产生令人惊讶的效果。对智能机器人来说，创作一首音乐作品简直易如反掌，这不仅可以为人类带来全新的听觉体验，还可以带来非凡的娱乐经济。

那么，在具体操作层面，智能机器人是如何快速进行音乐创作的呢？下面以Jukedeck（英国一家年轻的人工智能音乐创作企业）为例进行说明。用户只需登录 Jukedeck 的官网，输入歌曲的风格与特征、节奏的快慢、音调的起伏变化、乐器类型、音乐时长等基本信息后，就可以获得一首优美的歌曲。而且用时还比较短，比自己创作一首歌曲的用时要短很多。

虽然通过 Jukedeck 创作的歌曲比较简单，但是也引发了许多人的担忧。因为自古以来，音乐创作一直是一个主观性强、需要无限灵感与智慧的领域。如果智能机器人逐步替代人类去创作音乐，成为时代的主流，那么人类的创造力还有什么价值呢？

而智能机器人进行音乐创作的意义又在哪里？智能机器人创作的音乐能否给人类带来真正的艺术享受？其实这些质疑是没有必要的，因为只要歌曲能够找到平衡点，并且有足够的和弦配合，以及适当的创新和休止符，就已经足够了。

因此，对于智能机器人的音乐创作，人类应该持一种宽容的态度。虽然在大数据和云计算的基础上，智能机器人可以自主创作音乐，但是依然离不开人类赋予它一些基础音乐知识。在这个过程中，人类的创造力是不会消失的。

同时，智能机器人也能创作出人类未曾创作过的歌曲，这对以音乐为生的人来说是一种灵感的启发。未来，智能机器人将和人类达成合作，携手谱写出更加优美的歌曲，创造出更加极致的视觉享受。

5.1.2 人工智能与玩具的激烈碰撞

也许很多人都未曾想象过，人工智能和玩具可以擦出什么样的火花，但是现在，这样的场景真真切切地发生了。在娱乐领域，机器人玩具是人工智能实现商业落地的一个不错的着力点。在电商平台上搜索“机器人玩具”，可以得到成千上万个产品推荐，价格上至几万元，下至几十元，功能和外观各有不同。由此可见，人工智能在玩具领域有巨大的潜力。

例如，火车玩具在市场上比比皆是，并没有什么特别之处。然而，如果是能聊天的火车玩具，是不是就让儿童倍感兴趣了呢？阿里巴巴旗下的中文人机交流系统 Aligenie 与青岛一家儿童机器人企业合作推出的托马斯智能火车就是一款能聊天的火车玩具，它能够使用纯正的中文和英文讲述不同语音版本的托马斯故事，同时还拥有正版的中英文儿歌，让儿童在玩耍的过程中还能学习。而与阿里巴巴合作的这家儿童机器人企业作为一家新兴的“互联网+”玩具企业，专注于开发母婴玩具，而且与不少国际品牌都有合作，IP 资源十分丰富。该企业希望能够与人工智能进行深度结合，从而研发出更优秀、更适合儿童发展的智能玩具，促使儿童智力和其他方面的进步。

Aligenie 的主要研发方向是消费级的智能产品，在互联网和人机交互两方面下了很大的功夫。而托马斯智能火车能够进行交流、实现人机互动的创新功能恰好符合 Aligenie 的需求，经过慎重考虑，Aligenie 与这家儿童机器人企业达成合作，一起研发了新版托马斯智能火车。新版托马斯智能火车借助 Aligenie 获得了更多智能化的功能，不仅能实现旧版托马斯智能火车讲话、聊微信的功能，还具备交流的功能。例如，当使用者对新版托马斯智能火车发出“过来”的指令，它就会自动行驶到使用者面前，这个功能非常简单、方便。

无论新版托马斯智能火车还是旧版托马斯智能火车，都是人工智能在玩具领域实现商业落地的表现。随着这样的商业落地案例不断增多，人工智能将获得越来越多的关注，资本也会越来越倾向于这个领域。

5.1.3 基于图像算法的视觉创新

从定义上看，图像算法主要是指对图像进行分析和处理时所使用的算法；从应用上看，图像算法可以对摄影和影视产生非常大的影响。

1．图像算法对摄影的影响

图像算法会创新摄影的方式，使摄影作品的效果更好。对摄影爱好者而言，拍摄出震撼人心的图片是他们的永恒追求。我们普通人在欣赏一幅优秀的摄影作品时也会有很美的心灵感受。例如，当看到创意图片时，我们会赞叹拍摄人员无限的想象力；当看到经过美化处理的自然图片时，我们会感受到世界的奇妙和美丽；当看到极具震撼效果的社会事件图片时，会引发我们的深刻反思；当看到有趣的动态摄影图片时，我们会会心一笑。

随着时代的发展，摄影也在不断地进步和创新。在人工智能时代，技术的进步使摄影作品有了更多的表现形式和创意。美图秀秀就是一款简单而又富有创意的图片美化工具，该工具有多元的图片处理功能，如美化图片、人像美容、智能拼图、饰品装饰、文字美化、智能边框及智能添加场景等。

人们可以利用美图秀秀或其他一些图片美化工具，对照片进行美化和加工。例如，可以使自拍秒变复古风格、黑白文艺风格等，或者通过智能添加表情包的形式，使自拍瞬间变得“萌萌哒”“美美哒”。这种多样化的自拍表现形式，既丰富了摄影的形式，又能够增加创意，增加时尚感，因此被大众广泛接受。

2．图像算法对影视的影响

在图形算法普遍应用之前，影视作品的图像清晰度及视觉特效都很一般。随着技术的更新迭代，智能电视和 IMAX 大屏电影逐渐普及。这些智能设备都具备智能的图像加强功能。如今影视作品画面的清晰度很高，分辨率可达 4K。预计 2021 年左右，日本将制造出分辨率高达 8K 的“终极电视”。影视作品的清晰度高，人们在观看的时候，就会有赏心悦目的感觉。

影视作品后期加工人员会结合人工智能对影视作品进行各种美化加工处理，使其视觉特效更强。许多好莱坞的商业大片都拥有强大的视觉特效，如《速度与激情》系列、以《钢铁侠》为代表的漫威超级英雄系列，在视觉上都能够给人带来很强烈的震撼。

图像算法还可以提高影视作品的剪切技术，使人们能够根据自己的设计思路剪切影视作品中的镜头，做一个精彩视频的集锦，再配上一曲超赞的背景音乐，或者注入一些“鬼畜”效果，让剪辑的影视作品有一种新鲜感。

目前我国最火的视频弹幕网站之一——哔哩哔哩上的视频大都是热爱视频剪辑的 UP 主剪辑上传的。这样的视频剪辑创新了影视的表达形式，丰富了影视的表达内容，也节省了人们的观影时间，对人们来讲无疑是完美的体验。

5.2 人工智能在娱乐领域的应用

在发展生产力方面，娱乐是真正的力量，现在的娱乐正在和人工智能完美地融合在一起。例如，很多人愿意让 Siri 和自己聊天、播报天气、提示交通信息、预订机票、选择餐厅等。虽然目前 Siri 还不能替代真正的人类，但大多数企业都对人工智能的发展前景非常乐观，一些典型的应用案例也不断出现，如室内无人机、智能语音系统、全息投影等。

5.2.1 翼飞客：前所未有的室内无人机

相关数据显示，预计到 2025 年，小型民用无人机的市场规模将超过 700 亿元，其中航拍及娱乐领域的市场规模将占据 300 亿元。未来，在娱乐领域，无人机，尤其是小型的室内无人机会有广阔的发展前景，将成为智能娱乐的新风口。

在室内无人机方面，翼飞客是一个具有代表性的案例，它的成立标志着无人机智能娱乐时代的真正来临。翼飞客不仅拥有全球首家室内无人机 IP 实景主题乐园，也拥有全国首个室内无人机竞技赛事，还拥有多款自主知识产权的室内无人机和室内无人机竞技游戏。

由此可见，翼飞客的室内无人机具备鲜明的竞技性。一般来说，竞技性强的产品最容易引发大众的跟风购买，从而获得优秀的销售成绩。

另外，翼飞客的战略部署也非常全面。因为无人机娱乐市场正处于蓝海市场，所以翼飞客就很全面地进行目标人群定位，具体包括儿童无人机娱乐和年轻白领阶层的无人机娱乐。这样的目标人群定位基本上锁定了爱好无人机的所有人群。

同时，无人机的娱乐内容也被翼飞客分为无人机实训和无人机对战两部分。其中无人机实训能够培养无人机爱好者的操作能力；无人机对战能够增加无人机竞技的娱乐性。由于无人机娱乐竞技模块巧妙地融入了团队建设，因此如果一些企事业单位想提高自己的团队凝聚力、执行力和战斗力，就可以到翼飞客主题公园进行一次有意义的无人机竞技比赛。这种比赛既显得有趣新鲜、有科技感，还会让整个团队的情感得到进一步的升华，达到双赢的效果。

在操作方面，翼飞客的室内无人机非常容易上手。用户只要借助 Wi-Fi 信号，使用无线控制器就能够对其进行遥控。而且其抗干扰性极强，延迟性很低，用户的操作体验会很好。翼飞客室内无人机的种种优秀设计不仅可以丰富用户的业余生活，还可以使他们的娱乐生活更加丰富、精彩，让用户爱不释手。

室内无人机的诞生必然会推动娱乐领域的发展。翼飞客立足时代，紧跟用户的需求，迅速占领室内无人机市场。除此以外，翼飞客凭借新鲜的娱乐规则和玩法，成为智能娱乐浪潮中的引领者，未来还将取得更大的成就。

5.2.2 Lyrebird：神奇的智能语音系统

为了迎合人工智能时代，Lyrebird 打造了一款神奇的智能语音系统。这款智能语音系统可以智能分析录音讲话和对应的文本并关联两者的关系。同时，它能够在 1 分钟之内模仿听到的人声，还可以同时模仿多种声音，并展开一段有趣的对话。

智能语音系统在将文字转换成语音的过程中，最核心的挑战是如何让声音听起来更自然。目前即使比较先进的 Siri 和 Alexa，它们的语音仍然难以摆脱计算机语调。当我们初次听到这样的声音时会觉得很新奇，但是时间长了就会觉得单调乏味。

然而，Lyrebird 的智能语音系统却能够展现出“人的声音”。虽然仔细听还是与人声有一定的差别，但是比冷冰冰的机器语言要好上百倍。智能语音系统借助全新的语音合成系统，在倾听预录的声音文档时，整理出核心词汇，同时，尽量“掌握”单词的发音特点。在大数据、人脑思维算法及深度学习的支撑下，智能语音系统能够在 1 分钟之内推理并模仿听到的声音，而且语调和情感都很充沛，几乎达到了一种“魔性复制”的水准。

借助人工智能，Lyrebird 的智能语音系统在学会并模仿了几个人的声音后，再模仿任何一个新对象的声音就会变得更快。也就是说，它可以花更少的时间，以最快的速度和最高的质量捕获任何人的声音的核心特点。

上述优势使 Lyrebird 的智能语音系统拥有广阔的市场前景。该智能语音系统不仅能够用来改进个人 AI 助手、AI 音频书籍，还能够为盲人进行智能阅读，给人们的生活带来很大的帮助。它最有趣的功能还是为人们带来更多的娱乐效果，其核心功能之一就是能够模仿明星和名人说话。

如果你是一名声音爱好者，喜欢听不同人的声音，那么这款智能语音系统就会给你的生活带来极大的乐趣。看过《声临其境》的人大都被韩雪圈粉，因为她的声音多变、有吸引力。Lyrebird 的智能语音系统就能够模仿韩雪的声音。如果你是韩雪的粉丝，你的智能音箱中又有这样一款智能语音系统，那么韩雪的声音将会回响在你的家中。智能语音系统也会模拟韩雪的声音提醒你做很多生活上的事情，这样的声音要比冷冰冰的机器语音好听许多倍，你的生活也会因此更加富有趣味。

当然，Lyrebird 的智能语音系统还可以模仿任何其他你喜欢的明星。如果你喜欢郭德纲，那么它就可以用郭式独特的嗓音和你交流，给你讲一些有趣味的段子；如果你喜欢李健，那么它就可以模仿李健天籁般的嗓音，在你临睡前为你小唱一曲，助你入眠；如果你喜欢二次元，那么它就可以模仿初音未来，为你开一场小型演唱会。总之，它会让你的生活充满各类有趣的声音，让你体验到无限的趣味。

如果 Lyrebird 的智能语音系统应用于手机，手机的语音系统就能够模仿我们喜欢的人或亲近的人的声音。如果你是在异乡工作的年轻人，远离父母，此时附带智能语音系统的手机能够模仿你的父母的音调与你交流。听到乡音以后，即使身处异地也会有在家乡的温暖感觉。如果你和恋人相隔两地，把手机的智能语音系统设为恋人的声音，就会有恋人“远在天边，近在眼前”的感觉。

借助 Lyrebird 的智能语音系统，之前那种单调的人机交互方式将得到改善，人们的生活也将变得更加美好。

5.2.3 虚拟偶像：感受全息投影的魅力

二次元爱好者应该都知道初音未来，她其实并不是真正的人类，而是一位虚拟偶像。很多年前，初音未来就凭借一首《甩葱歌》在我国走红，其影响力丝毫不逊色于现实偶像。除了在我国，初音未来在国外也非常火爆，甚至还举办过多场演唱会。例如，初音未来曾经受邀做客美国 CBS 电视台的《大卫深夜秀》，在美国引起了广泛的关注。

初音未来诞生于漫画家 KEI 之手，这个小姑娘扎着标志性的双马尾，穿着一件非常漂亮的黑色连衣裙，十分惹人喜爱。起初，初音未来只呈现在纸上，真正让她进入大众视野的是一家技术型企业——Sax 3D。该企业提供的全息投影显示屏具有一些非常明显的优点，如透明、不会受到光线影响等，也正是因为这些优点，初音未来的演唱会才会有非常完美的视觉效果。实际上，对初音未来这样的虚拟偶像来说，有很多技术都是不可或缺的，如图 5-1 所示。

图 5-1　初音未来不可或缺的技术

1. 动作捕捉技术

在动作捕捉技术的助力下，初音未来可以直接采用人类的表情和动作，从而使自己的一颦一笑都与人类更加接近。动作捕捉技术来源于电影工业，即通过红外线摄像机、动作分析系统，透过由受试者身上反光球执行反射回来的光线，将运用摄像机拍摄到的 2D 影像转换成 3D 资料，经过进一步的处理，最终完成整个捕捉过程。

2. 3D 虚拟成像

完成动作捕捉之后，就需要对生成的“人物骨骼”进行“无痕”对接，而实现这一目标的技术就是 3D 虚拟成像。在该项技术的助力下，初音未来的形象可以被充分修饰，从而最大限度地符合粉丝的审美取向。

3. 3D 全息投影

为了与自己的粉丝进行亲密互动，初音未来经常要举办演唱会。在演唱会上，3D 全息投影就显得非常重要。该项技术突破了传统的声、光、电，可以形成高对比度和清晰度的 3D 图像。

通过 3D 全息投影，初音未来可以真真切切地来到粉丝身边。更关键的是，在观看初音未来的演唱会时，粉丝不需要再像之前那样佩戴眼镜，这样不仅方便了很多，而且可以看得更加清楚。

初音未来诞生仅五年就已经创下了超 100 亿日元的经济效益，包括演唱会收益、游戏出演收益和广告收益。现在，初音未来的人气依然在稳步上涨，其所创下的经济效益也比之前更加丰厚。今后，虚拟偶像会越来越多，人们的娱乐体验将得到进一步提升。

5.3　新时代，娱乐工作者应该如何紧跟潮流

通过前文可以知道，人工智能已经进军娱乐领域，并使该领域发生了颠覆性变化，而对娱乐工作者来说，这无疑是一个巨大的挑战。为了更好地应对挑战，娱乐工作者必须紧跟潮流，不断探索促进自身发展的新方法、新思路、新战略。

5.3.1　亲自实践，让娱乐作品变得“接地气”

古诗有云：“问渠那得清如许，为有源头活水来。”娱乐作品的源泉就是“地气”，是脚踩大地的真实生活。20 世纪 80 年代，为了创作出质量更高的《平凡的世界》，路遥提着一个装满了各种书籍和资料的大箱子，亲自走乡村、下煤矿、住陋室，这样的生活一直持续了 6 年。在这 6 年的时间里，路遥深刻地感受到了中国城乡社会生活的历史性变迁，从而创作出了一部极为典型且具有里程碑意义的作品。

即使到了现在，重温《平凡的世界》这部百万字的长篇巨作，依然可以

给读者一种亲切的感觉。因为在这部巨作中，不仅包含着非常浓郁的生活气息，还包含着鼓舞精神的强大动力。如此优秀的巨作，怎么能不让读者动心和喜爱呢？

通过真真切切的实践，路遥创作出了《平凡的世界》，那人工智能是不是也可以如此呢？答案是否定的。要知道，人工智能并不是真正的人类，因此不具备深入实践并从实践中感受生活的能力。在这种情况下，对娱乐工作者来说，要想超过人工智能，就必须创作出更受大众喜爱的“接地气”作品。

那么，怎样才能创作出“接地气”的作品呢？其实很简单，在创作的过程中，娱乐工作者需要牢牢掌握以下几个要点。

（1）注重实践和生活。切实深入实践，扎根生活，与大众搞好关系，为自己的作品增添一些非常珍贵的“泥土气息”。只有这样，创作出来的作品才能满足大众的需求，符合大众的口味，才算得上真正意义上的“接地气”。

（2）怀揣敬畏之心。时刻怀有一颗敬畏之心，这样才能让作品经得起时间和历史的考验。实际上，很多时候，娱乐工作者需要面临各种各样的挑战和困境，但越是这样，就越应该保持最初的那份坚守和责任。

（3）坚持正确的方向。始终保持正确的方向，严格按照国家的各种政策进行创作，防止出现一些与时代和政策不符的内容。当然，相关政策的放宽也为“接地气”作品提供了坚实的保障，让娱乐工作者在政策范围内充分释放自己的才华。

例如，除了前文提到的文学作品《平凡的世界》，电影作品《美人鱼》、《捉妖记》、《西游记之大圣归来》、《战狼》、《流浪地球》等都获得了非常巨大的成功，因为这些作品不仅担负了一定的娱乐责任，还十分懂得大众的真正需求。

由此可见，娱乐工作者要创作有责任、有担当的“接地气”作品，一方面可以防止自己被淘汰；另一方面可以使娱乐领域变得更加繁荣。有了“接地气”的书籍、电影、电视剧、歌曲，人们的价值观和娱乐生活也会更加前卫、完美。

5.3.2 改变传统风格，丰富娱乐形式

借助人工智能进行创作其实与“数据库创作”大同小异，这个过程依赖数据库。而且数据库中的数据越全面，创作的质量就越高。例如，对可以创作诗歌的智能程序来说，要想创作出有模有样的诗歌，必须提前学习大量的诗歌。即使如此，这样的智能程序还是会在很多方面存在缺陷，如没有新意、句子过于平顺、渲染敷衍等。

当然，除了诗歌创作，人工智能对其他种类娱乐作品的创作也都是“数据库创作”。例如，美联社、雅虎网、福布斯网就通过人工智能，依托新闻报道模板，创作财经类、体育类新闻报道。又如，在以几千本文学名著作为模板的基础上，智能机器人用了三天的时间创作出《真爱》一书，并成功在俄罗斯出版。

在创作娱乐作品的过程中，创新和个性是两个必不可少的因素，而这两个因素恰恰是人工智能所缺乏的。无论智能机器人还是智能程序，只要是智能产品，就不具备独立的创新能力，因为创新能力依然来源于人类。

例如，Aaron 被视为真正具有创新能力的智能创作软件，但由其创作出来的画，依然是在模仿某些知名画家的风格和色调。对此，有的画家明确表示，如果 Aaron 可以创作出一幅风格独特的画，那才算得上具有创新能力。

娱乐工作者还必须有个性，这样才可以创作出带有个人风格的作品。然而，由人工智能创作的作品尚无个性可言，还停留在对现有作品进行模仿、复制、重组的阶段。因此，无论是谁，只要运用同一款智能产品，就可以创作出风格相似或完全相同的作品。

很多时候，不同娱乐工作者之间应该体现出个性，同一娱乐工作者的不同作品也应该体现出个性。在这一方面，人工智能则显得无能为力。可见，要想提升自己的竞争力和作品的质量，娱乐工作者应该保持初心，充分发扬自己的个性和优势。

第 6 章

人工智能 + 医疗：造福患者和医护人员

如今，各个国家和地区之间的医疗水平存在着不平衡的现象，人工智能的主要应用之一就是解决这种不平衡。只有获得优质的医疗资源，才能保障人类的健康，提高人类生活的安全性。在我国，医疗数据非常烦杂，医疗资源相对缺乏，医疗需求十分迫切，这些都已经成为人工智能走出实验室、在医疗领域实现商业化落地的关键推动力。

6.1 人工智能应用于医疗领域

近年来，很多企业源源不断地向人工智能领域注入大量资金，尤其是那些希望降低成本、改善患者健康的企业。调查机构 Tractica 提供的数据显示，2019 年，医疗领域在人工智能方面的投入已经接近 25 亿美元，预计到 2025 年这一数据将超过 340 亿美元。

从企业的实践情况来看，人工智能在医疗领域的应用主要包括 5 个方面：智能机器人、精准医疗、影像识别、药物研发、辅助诊断。本节就对这 5 个方面进行详细介绍。

6.1.1 智能机器人减轻医护人员的负担

智能机器人在医疗领域的应用并不少见，它可以帮助医护人员完成一部分工作，这有利于减轻医护人员的负担。例如，武汉协和医院的医疗机器人——大白就是医护人员的好帮手、好朋友。

大白的学名是智能医用物流机器人系统，长度为 0.79 米，宽度为 0.44 米，高度为 1.25 米，容积为 190 升，可以承担 200 公斤的重量。大白主要服务于外科手术室，其主要工作是配送手术室的医疗耗材。

在接到医疗耗材的申领指令以后，大白会主动移动到仓库门前，等待仓库管理员确认身份，打开盛放医疗耗材的箱子，扫码核对后将医疗耗材拿出仓库交给大白。接下来，大白会根据之前已经学习过的地形图，把医疗耗材送到相应的手术室门口，医护人员只要扫描二维码就可以顺利拿到医疗耗材。

大白接受过试用期考评，结果显示，大白把医疗耗材从库房配送到手术室，一次只需要不到两分钟的时间，每天平均可以配送 140 次。这就意味着，大白一天的工作量与 4 名配送人员一天的工作量是一样的，可以使医疗机构的人力成本得以大幅度降低。

另外，大白还可以自己主动充电，从充电开始到充电结束，大约需要 5 小时。不过，充满电以后，大白只能运行 2 小时，因此，为了让自己保持充足的电量，大白会经常主动充电。

相关数据显示，在观察阶段，大白一共配送 422 次，避开行人 420 次，避开障碍物 414 次。实际上，对大白来说，避开行人和障碍物并不是什么非常困难的事情，除此以外，大白还有一个非常聪明的大脑。这个大脑可以帮助大白准确实现对医疗耗材的全过程管理（如入库、申领、出库、配送、使用记录等）。这一方面有利于对医疗耗材进行追根溯源；另一方面有利于大幅度提高手术室内部的管理效能。

除了配送医疗耗材，大白还可以完成医疗耗材的使用分析和成本核算，并根据具体的手术类型，设定不同的医疗耗材使用占比指标，以此进行医疗耗材使用绩效评估，从而促进医疗耗材的合理使用，节约相关成本支出，最终可以使医疗物资管理变得更加有效，在降低运营成本的同时保障患者的权益。

其实像大白这样的医疗机器人还有很多，功能也各有不同，如帮助医生完成手术、回答患者的问题、接受患者的咨询等。不过必须承认的是，医疗机器人充其量只能算一个辅助工具，它不可能也无法承担所有的医疗工作。

6.1.2 精准医疗："大数据 + 神经网络 + 深度学习"

精准医疗是一种新型的医疗模式，它遵循基因排序规律，能够根据个体基因的差异进行差异化医疗。由于精准医疗可以有效缓解患者的痛苦，达到最佳的治疗效果，因此实现精准医疗一直是每位医护人员的终极梦想。

精准医疗的发展离不开大数据、神经网络和深度学习，这三项技术是鞭策精准医疗前进的动力。

在人工智能时代，"数据改变医疗"已经成为医疗领域的一个核心理念。无论中医还是西医，在本质上都要深入实践，根除患者的疼痛，为患者带来身体的健康。为深入医学实践，医生需要反复地进行经验总结，运用统计的方法找到治病的规律，最终达到药到病除的效果。借用大数据，通过云平台和智慧大脑的分析，医生可以用更快的速度进行病情诊断。

例如，对癌症的治疗一直是医疗领域的难题。每个癌症患者的临床表现各不相同，即使同一类癌症患者，他们的临床表现也不同。这就为医生的临床治疗制造了很大的困难，更别说做到个性化的精准医疗了。

为了攻克这一医学难题，微软亚洲研究院的团队开始借助大数据技术钻研脑肿瘤病理切片。通过详细的数据分析，医生能够快速了解肿瘤细胞的形态、大小和结构。通过智能分析，医生能够迅速判断出患者所处的癌症阶段。这就为癌症的预防和诊断提供了一个良好的思路。

目前，该团队借助“神经网络＋深度学习”模式，取得了两方面的重大突破：一是高效处理大尺寸病理切片；二是有效识别病变腺体。

一般而言，脑肿瘤病历切片的尺寸会达到 20 万×20 万的像素。超高的图片像素不利于对病理切片的处理。微软亚洲研究院的团队利用数字医学图像数据库，自主搭建神经网络和深度学习算法，经过大量的医学实践，最终能够高效处理大尺寸病理切片。

在解决了大尺寸病理切片的难题后，微软亚洲研究院的团队又实现了对病变腺体的有效识别。腺体是多细胞的集合体，类似于“器官”这一概念。腺体病变的复杂性非常高，而且腺体病变的组合类型也有着指数增长的态势，这是无法通过人力解决的。“神经网络＋深度学习”模式则能够让智能系统学习病变腺体和癌细胞的各种知识，同时快速了解正常细胞与癌细胞之间的主要差别，从而帮助医生快速分析癌症患者的病情，并迅速为医生提供治疗的相关意见。

另外，人工智能赋能的计算机具有强大的运算能力，能够有效弥补医生的经验不足，减少医生的误判，减少医疗事故的发生。大数据加持的计算机能够发现更为细微的问题，从而帮助医生发现一些意料之外的规律，完善医生的知识体系，提升医生的治病能力。

整体来讲，借助“神经网络＋深度学习”模式，医生能够准确识别腺体状态，大大提高癌症分析的准确程度，达到精准医疗的效果。

为了使精准医疗的效果更好，我们还需要不断进行技术的创新和方法的创新。例如，一些先进的医疗团队借助语义张量的方法，让智能医疗机器拥有庞大的“医学知识库”。所谓语义张量，就是让智能医疗机器学习医学本科的全部教材、相关资料及临床经验，并用张量化的方式表示，最终形成庞大的医学知识库。

还一些智能医疗团队使用了语义推理方法，让智能医疗器械拥有更智能的“大脑”。例如，借助关键点语义推理和证据链语义推理等多元的推理方法，医疗机器人能够听懂人类的语言，而且能够根据人类的语言进行多层次的能力推理，从而像医生一样拥有“大脑”，进一步了解患者的症状，根除病灶。

随着人工智能的稳步发展，精准医疗的水平必将迎来质变。当然，精准医疗的发展仅依靠人工智能是远远不够的，还需要医生的主动学习和不断进步。只有这样，医生才能更好地为患者服务，人类的健康才能更有保障。

6.1.3 影像识别：病灶分析与标注

如今，很多医学影像仍然需要医生分析，这种方式存在比较明显的弊端，如精准度低、容易造成失误等。自从以人工智能为基础的“腾讯觅影”出现以后，这些弊端就可以被很好地解决。

“腾讯觅影”是腾讯旗下的智能产品，一开始，该产品只能对食道癌进行早期筛查，但现在已经可以对多个癌症（如乳腺癌、结肠癌、肺癌、胃癌等）进行早期筛查。目前已经有超过 100 家三甲医院成功引入了“腾讯觅影”。

从临床结果来看，“腾讯觅影”的敏感度已经超过了 85%，识别准确率也达到 90%，特异度更是高达 99%。不仅如此，只需要几秒钟，“腾讯觅影”就可以帮医生“看”一张影像图，在这一过程中，“腾讯觅影”不仅可以自动识别并定位疾病根源，还会提醒医生对可疑影像图进行复审。

例如，我国的食管胃肠癌诊断率低于 15%。与日韩胃肠癌五年生存率达到60%～70%的数据相比，我国胃肠癌五年生存率仅为 30%～50%。通过“腾讯觅影”可提高我国的胃肠癌早诊早治率，每年可减少数十万个晚期病例。

可见，“腾讯觅影”有利于医生更好地对疾病进行预测和判断，从而提高医生的工作效率，减少医疗资源的浪费。更重要的是，“腾讯觅影”还可以将之前的经验总结起来，提高医生治疗癌症等疾病的能力。

要做好智能医疗，关键是能否得到高质量、高标准的医学素材，而不是以量取胜。为此，在全产业链合作方面，“腾讯觅影”与中国多家三甲医院建立了智能医学实验室，而那些具有丰富经验的医生和人工智能专家也联合起来，共同推进人工智能在医疗领域的真正落地。

目前，人工智能需要攻克的一个最大难点就是，从辅助诊断到应用于精准医疗。举例来说，宫颈癌筛查的刮片，如果采样没有采好，最后很可能导致误诊。采用人工智能之后，就可以对整个刮片进行分析，从而迅速判断是不是宫颈癌。

通过“腾讯觅影”的案例可以知道，在影像识别方面，人工智能已经发挥了强大的作用。未来，更多的医院将引入人工智能，这样不仅可以提升医院的自动化、智能化程度，还可以提升医生的诊断效率和患者的诊疗体验。

6.1.4 提高药物研发的效率

众所周知，在医疗领域，药物研发是一项很困难的工作。传统的药物研发通常面临三大难题：周期长、效率低、投资大。此外，相关调查显示，在所有进入临床试验阶段的药物中，至多只有 12% 能够上市销售。一款药物的平均研发成本高达 26 亿美元。

由于以上三大难题，再加上试错的成本越来越高，越来越多的药物研发企业将研发重点转向人工智能领域。借助人工智能，药物的活性、安全性及副作用都可以被智能地预测出来。

总之，很多企业都希望通过人工智能来提升药物研发的效率，从而节省投资和研发成本，并取得最好的研发成效。目前借助深度学习等算法，人工智能已经在肿瘤、心血管等常见疾病的药物研发上取得了重大突破。同时，利用人工智能研发的药物在抗击埃博拉病毒的过程中也做出了重大的贡献。

目前，在“人工智能＋药物研发”层面，比较顶尖的企业有 9 家，如表 6-1 所示，这些企业大部分都位于人工智能水平比较发达的英美地区。

表 6-1 世界顶尖的 9 家“人工智能+药物研发”企业

排名	企业名称	所在地
1	BenevolentAI	英国伦敦市
2	Numerate	美国圣布鲁诺市
3	Recursion Pharmaceuticals	美国盐湖城市
4	Insilico Medicine	美国巴尔的摩市
5	Atomwise	美国旧金山市
6	uMedii	美国门洛帕克市
7	Verge Genomics	美国旧金山市
8	TwoXAR	美国帕洛阿尔托市
9	Berg Health	美国弗雷明翰市

这些企业都是创新型企业。其中历史最悠久的是 Berg Health，成立于 2006 年，至今只有 15 年的时间；历史最短的是 Verge Genomics，成立于 2015 年，主要研发用来治疗帕金森和肌萎缩性侧索硬化症的药物；最亮眼的是 BenevolentAI，它是欧洲最大的药物研发企业，成立于 2013 年，至今已经研发出了近 30 种新兴的药物。

虽然出现了很多优秀的企业，但是对“人工智能+药物研发”，科研界人士并不一味看好。例如，某位专家就发表过这样的言论：“我并不觉得人工智能与药物研发的结合是不可能的。但是如果有人告诉我，他们能预测所有化合物的活动，那么我可能会认为这是在胡说八道。在相信之前，我想看到更多证据。”

确实，从目前的情况来看，人工智能在药物研发方面的成果有限。在没有看到更多的成果时，专家的存疑还是有一定的道理的。为了使人工智能在药物研发方面发挥更大的作用，更有质量保证，我们需要做好把控。

首先，做好大数据把控。具体来讲，大数据必须精确、高质、高量。大数据是所有企业发展的必要支撑，如果没有精准的大数据，一切都是妄谈。对药物研发企业来讲，更需要做好高质量的数据积累。因为良好的数据库能够为药物的研发提供更加准确的药物资料，当人工智能进行深度学习时，会有更好的效果。

其次，积极培养药物的市场。市场有多大，产品研发效果就有多大。有了好的市场前景，研发机构自然会积极地进行药物研发。在培养药物的市场时，除了要积极通过新媒体渠道进行宣传，还应该与权威的医院或医生达成合作。如此一来，由人工智能研发出来的药物才会迅速在市场上获得积极反响。

最后，积极培养药物研发人才。目前，虽然人工智能方面的专家不少，但是药物研发人才比较稀少。因此，无论从教育角度还是科学研究角度，都要积极培养这类人才。在培养的过程中，要给予充分的资金支持和人文关怀。这样，他们的研发动力就会更强。

综上，传统药物研发存在一些难以弥补的缺憾，人工智能可以为其注入新的活力，促进其发展。与此同时，要想使“人工智能 + 药物研发”尽快落地，不但要做好数据积累，还要积极培养市场和人才。

6.1.5 高效率和高精准性的辅助诊断

借助强大的算法，人工智能可以迅速收集医学知识，并在此基础上进行深度学习。也就是说，人工智能可以对医学知识进行结构化或非结构化的处理，然后变身为一个“医学专家”。此外，人工智能还能模拟医生的诊断思维，对患者进行科学诊断。大数据和云计算能够大幅提高诊断的准确率，从而辅助医生完成工作。

随着人工智能渐趋成熟，视觉识别也取得了长足发展。如今，智能医疗设备不仅能够“听懂”、“读懂”人类的话，还能够“看懂”人类的各种疾病。例如，医学影像识别设备就能“看懂”患者的病症，并为医生提供合理的解决方案，从而协助诊断。

国外从事辅助诊断的企业有很多，IBM 就是其中一家。IBM 旗下有一款非常强大的计算机认知系统——Watson，该系统依附于先进的人工智能，是全球唯一能够通过实证为医生提供治疗方案或治疗建议的系统。

目前，Watson 能够支持 11 种癌症的辅助诊疗，如直肠癌、肺癌、胃癌、肝癌等。而且它的辅助治疗能力也在不断进步，预计到 2022 年，它的治疗范围将进一步扩大，能够对 30 多种癌症进行辅助治疗。

借助人工智能，Watson 通过分析海量的数据资源，能够有效提高医生的决策力，提高治疗的准确性。相关数据显示，Watson 可以在 10 分钟内读完 2 000 万字的医学文献，然后帮助医生分析数据，并从中找出治疗方案。

过去，大多数的医疗数据是无法被传统计算机识别的非结构化数据，但是人工智能可以读懂并分析这些数据，这充分体现了人工智能的高效率和智能性。在新的时代，人工智能将更好地辅助医生进行诊断，更好地为患者服务，不断提高医疗水平。

6.2 “人工智能＋医疗”典型案例

有专家认为，虽然智能投顾和泛娱乐非常火爆，但是不排除人工智能在医疗领域率先落地的可能。一方面，大数据、神经网络、深度学习、视觉识别、语音识别等关键技术的突破促进了人工智能的新一轮发展；另一方面，谷歌、Sense.ly、ExoAtlet 等企业积极入局“人工智能＋医疗”，推出了一系列典型案例。

6.2.1 谷歌：创建大规模眼科数据集

糖尿病性视网膜病变是一种眼部疾病，这种眼部疾病非常容易导致糖尿病患者失明。具体地说，当连接视网膜的光敏器官出现病变时，其中的微小血管会随之坏死，进而损伤眼部，短期会引发视觉模糊，长期则会引发失明。

其实，糖尿病性视网膜病变在早期是可以预防的。医生借助医疗影像，仔细检查眼后部的照片，以此来确定糖尿病患者是否有病变的危险。正常情况下，所有的糖尿病患者都应该系统地进行年度筛查，从而得到最科学的诊断和最好的专科护理。但是由于经济水平和技术发展的限制，很多糖尿病患者未能做到一年一查。

如今，人工智能的发展，特别是算法的进步，将给糖尿病患者带来福音。Google 团队创建了一个超大规模的眼科数据集，收集了来自美国和印度眼科医院患者的眼部照片，数量超过 128 000 张。借助神经网络和深度学习，谷歌让智能系统自主检测这些照片，判断病变的特征，从而提高诊断水平。

在介绍 Google 算法的智能水平时，相关研究人员提到，“糖尿病视网膜病变的自动分级具有潜在的益处，如提高筛查程序的效率、可重复性及覆盖范围，减少获取障碍，通过提供早期检测来改善患者治疗。为了最大化地利用自动分级的临床效用，确实需要一种检测可疑糖尿病视网膜病变的算法。”

在经过大量的眼底影像数据训练后，Google 能够精准地检测糖尿病性视网膜病变，准确率已经超过 90%。Google 团队的相关研究人员根据这一训练，在《美国医学协会杂志》上发表了一篇极具深度的论文。在论文中，相关学者明确地指出了 Google 诊断糖尿病性视网膜病变的优势。具体内容如下：“这种用于检测糖尿病性视网膜病变的自动化系统提供了几个优点，包括解释的一致性、高灵敏度和特异性及近似瞬时报告结果呈现，因为算法具有多个操作点，其灵敏度和特异性可以调整以匹配特定临床设置的需求，如筛选设置的高灵敏度。”

对糖尿病性视网膜病变患者来讲，Google 算法的问世无疑是令人振奋的好消息。可是专业的 Google 团队认为，目前其智能系统的精确度还不够，还需要寻找新的方法，与专业的医生合作。例如，在某些情况下，Google 算法不能全面替代眼科检查，仍然需要由专门的眼科医生使用 3D 成像技术来详细检查视网膜的各个层。

Google 旗下的 DeepMind 部门致力于将深度学习算法和 3D 成像技术进行密切结合。通过这种技术上的结合，可以大幅度提高眼病诊断的准确度，糖尿病患者可大大减少失明的风险，全球医疗事业也将迎来新的腾飞。

6.2.2 Sense.ly：推出虚拟护士 Molly

2020 年，突如其来的新冠肺炎疫情让广大医护人员面临着巨大的风险，与此同时，医护人员人数不足的情况也显现出来原因有很多，最主要的是就业门槛高。优秀的医护人员需要学习很多专业知识，同时也需要具备许多优良的品质。

人工智能能够有效解决这一问题。人工智能赋能医疗行业后，虚拟的医护人员开始不断涌现。借助大数据和云计算等技术，这些虚拟的医护人员能够高效地收集患者的各类信息，如患者的饮食状况、锻炼状况及服药习惯等。收集信息后，虚拟的医护人员能够迅速分析、评估患者的整体健康状况，并通过智能化的手段协助患者进行一系列康复活动。

Sense.ly 是美国的一家技术型企业，率先推出了虚拟护士 Molly。Molly 集成了多项技术，如医疗传感、远程医疗、智能语音识别和 AR 医疗等。这些技术都能为患者提供更好的医疗服务。Molly 类似于 iPhone 系统中的 Siri，能够通过智能语音技术与患者进行有效沟通。

通过与患者进行对话，Molly 可以有效地采集患者的各种信息，并在第一时间将这些信息传达给 IBM。IBM 的 Watson 借助深度学习有效地解读这些信息。信息被解读后，Molly 会在第一时间把治疗方案告诉患者，从而提高患者的就医效率。

Molly 可以安装在手机、平板和电脑上，这样患者就能够在第一时间与 Molly 展开深度交流。如果 Watson 认为 Molly 提供的信息不够充分，则会智能安排医生，让专业的医生与患者通过远程视频的方式进行交流，这样患者也能够迅速得到最佳的诊疗方案。

另外，Sense.ly 借助传感器功能，只需连接患者的四肢就能够智能获取患者更全面的健康数据，从而为患者提供更加个性化的健康护理方案。Molly 在投入使用后，医院的护士接到的患者电话的数量减少了很多，从而让护士有更多的精力处理手头的工作，最终医院的运营效率也有了很大提升。

6.2.3 ExoAtlet：研发“智能外骨骼”产品

每个人都希望自己拥有一身坚硬无比、能抵御侵略的铠甲，这样的铠甲其实有一个学名，那就是“智能外骨骼”。不过，目前的智能外骨骼仅限于让人们跑得更快、跳得更高，或者帮助残障人士进行复健。

实际上，智能外骨骼的发展速度一直很慢。直到匹兹堡卡内基梅隆大学的相关研究人员研发出了一套新的机器学习算法，智能外骨骼的研究才迎来了新的春天。机器学习算法的核心是深度学习，借助这项技术，智能外骨骼能够为不同的人提供个性化的运动解决方案者个性化的康复方案。

如今，借助深度学习，智能外骨骼有了更加人性化的设计，给人们带来了良好的体验。整体而言，基于人体仿生学的智能外骨骼有三个显著的优势。首先，智能外骨骼类似我们身上穿的衣服，非常轻便舒适；其次，借助模块化设计技术，智能外骨骼能够满足用户私人订制的个性化需求；最后，借助仿生的智能算法，智能外骨骼能够避免传统外骨骼僵化行走的模式，能够根据个体的身体特征，提供最优的助力行走策略。

智能外骨骼最典型的产品是俄罗斯 ExoAtlet 生产的产品。ExoAtlet 一共研发了两款智能外骨骼产品，分别是 ExoAtlet Ⅰ和 ExoAtletPro，这两款“智能外骨骼”产品有着不同的适用场景。

ExoAtlet Ⅰ主要用于家庭场景。对下半身瘫痪的患者来讲，ExoAtlet Ⅰ简直是一款神器。下半身瘫痪的残障人士借助 ExoAtlet Ⅰ能够独立行走，甚至能够独立攀爬楼梯，重拾独立行走的快乐和自由，这就是人工智能带来的神奇效果。

ExoAtletPro 主要适用于医院场景。当然，相比于 ExoAtlet Ⅰ，ExoAtletPro 有着更多元的功能，如测量脉搏、进行电刺激及设定标准的行走模式等，能够让残障人士获得更多的锻炼，让他们的康复训练更加科学，从而更快地恢复健康，恢复自信。

智能外骨骼产品拥有强大的性能，不仅能大幅提升残障人士的生活质量，提高他们行走的效率，还能成为行动不便的老年人最得力的助手。另外，对普通人来讲，智能外骨骼也可以发挥作用。例如，帮助人们攀登险峰，或者在崎岖的山路上快速行走。总而言之，在智能外骨骼的助力下，所有人都可以受益。

6.2.4 VA-ST：打造智能眼镜 SmartSpecs

眼睛是心灵的窗户，如果人的眼睛出现问题，那无疑是晴天霹雳。过去，由于没有先进的设备，盲人只能永远停留在黑暗中，他们只能借助手杖探路，或者通过导盲犬的牵引进行日常活动。总之，他们的日常生活很不方便。

对于后天盲人，我们可以借助一些辅助性工具帮他们“观察”世界，如帮助他们躲避路障的智能相机、专供他们使用的特殊键盘等。其实眼科领域的专家一直都不曾停止研究工作，总是想尽一切办法研发新的产品，使盲人的生活得更加方便。

SmartSpecs 是由 VA-ST 公司开发的一款智能眼镜，它利用 AR 技术帮助视力受损的人看得更加清楚。VA-ST 是从牛津大学起步的一家技术型初创企业，该企业的联合创始人是史蒂芬·希克斯博士。希克斯博士是牛津大学神经科学和视觉修复领域的研究人员，他一直都比较关注视力受损人士的生活，希望能够生产出一款高智能的设备帮助他们，让他们的生活能够更加便捷。VA-ST 就是在这样的愿景下创立的。

希克斯博士与团队经过一次次的攻坚克难，终于打造出了 SmartSpecs，这款智能眼镜能够在利用黑、白、灰等色彩的基础上，配合一些细节来显示我们周围的世界。这款智能眼镜还使用了深度传感器及相关软件，能够通过高亮模式来显示附近的人和物体。

虽然 SmartSpecs 并不能帮助视力受损人士治疗眼疾，但它能够让他们最大限度地呈现现有视力水平，最大化地了解周围的环境。希克斯博士曾经这样评价这款智能眼镜："这款智能眼镜的目的是给视力不佳的人提供一个助手，帮助他们了解周围的世界。"

SmartSpecs 智能眼镜配置了 3 个摄像传感器、1 个处理器和 1 个显示屏。虽然结构很复杂，但佩戴很容易，与普通近视眼镜的佩戴方式几乎无异。另外，SmartSpecs 可以与 Android 系统完美配合，借助 Mini 投影仪把精心处理过的图片投放到镜片上。佩戴眼镜的人可以对这些图片进行放大或缩小操作，从而查看周围环境的更多细节。此外，针对不同的视力受损人群，SmartSpecs 还提供风格各异的定制功能，满足他们多样化的需求。例如，针对对色彩对比度不敏感的视力受损患者，SmartSpecs 能够将周围的环境转换成色彩，构成简单的图片，同时图片颜色的对比度会增加，这样就能够最大化地帮助视力受损患者看到物体的大致轮廓。如今，这款智能眼镜已经展现出了巨大的市场号召力。

与此同时，SmartSpecs 也存在一些缺点。例如，结构相对复杂，显得不够精致；在功能上，暂时不能与长距离的深度摄像头配合，视力范围相对狭窄；在价格上，由于研发成本高，因此价格较高，不能被所有视力受损人群接受。

为了解决上述缺点，VA-ST 正在测试 4.5 米范围的摄像头，希望可以让长距离的深度摄像头与 SmartSpecs 实现完美配合。关于价格，VA-ST 会进一步降低研发成本，将价格尽量控制在 1000 美元以内。在 VA-ST 的努力下，Smart Specs 的功能会更加完善，视力受损人群也会因此获得更多的光亮和美好。

6.3 人工智能开创更美好的医疗未来

有人断言，如果人工智能获得长远发展，那么 30 年后，医护人员将大幅度减少，医院和药厂也会越来越少。这样的场景真的会出现吗？我们需要为此而感到担忧吗？事实上，未来最大的可能是，人工智能和医护人员联合起来，共同为医疗事业做贡献。

6.3.1 人工智能助力迅速培养年轻的医护人员

前面已经说过，目前医护人员处于一种稀缺的状态，再加上培养合格的医护人员不是一件非常容易的事情，这就使医疗领域不得不面临严峻的挑战。然而，自从人工智能出现以后，培养医护人员变得相对简单了。

按照国家相关标准，进入医院工作后，医护人员必须接受严格的能力训练和专业考试，才能正式上岗。为了打造一个科学合理的培养系统，"未来医疗" 特意整合了国家大纲、医学专业课程、医院具体要求等多项资料。

一般来说，医护人员初到医院时，需要在各科室轮转学习，并记录学到的东西。学习完毕之后还要进行一次考试，只有顺利通过考试，才能去下一个科室继续学习。在这一过程中，医院需要在后台管理，任务非常烦杂。

"未来医疗" 将人工智能嵌入培养系统后，系统就可以分析管理医护人员更多细微的工作，如帮助医院完成轮转排班等。另外，系统还可以详细了解医护人员在哪些环节或知识点有问题。例如，对于一些知识点，因为老师打分太松，而导致虽然分数达标，实际上医护人员对相关知识点并没有完全掌握。

从目前的情况来看，"人工智能＋医疗" 的尝试主要集中在医疗影像方面，而 "未来医疗" 则从医护人员的培养着手，其目的是对医护人员的成长提供帮助。此外，"未来医疗" 还会为医院、医学院提供技术帮助，以提升其专业水平和竞争力。

"未来医疗" 主要通过为医院提供考试软件等实现盈利。当然，"未来医疗" 也面临一些棘手问题，如缺乏即是大数据专家又是医学专家的复合型人才。

为此，"未来医疗" 组建了一个实力超群的核心团队，团队中的每位成员都具有非常丰富的经验和资源，而在医学和大数据这两个方面，"未来医疗" 也做了相应的努力，如聘请了许多医学专家、与一些科研机构进行合作等。

通过上述 "未来医疗" 的案例可以知道，在培养医护人员的过程中，人工智能可以发挥比较重要的作用。首先，人工智能可以降低培养成本，提升培养效率；其次，人工智能可以增强医护人员的实力，丰富医护人员的知识储备和经验积累；最后，人工智能可以促进医疗人才“大换血”，为医疗领域注入新活力。

6.3.2 医生帮助人工智能提升实力

人工智能可以帮助医生做一些事情，如预测和判断疾病等；反过来，医生也可以帮助人工智能提升实力。例如，中山大学附属第六医院的医生团队曾经对沃森系统进行了严格“训练”，主要目的就是调整并优化沃森系统的胃肠肿瘤治疗方案，争取将其变得更加本土化，从而为我国的患者制定个性化的胃肠道肿瘤治疗方案。

沃森系统是由 IBM 研发的，以人工智能为基础的一套肿瘤辅助诊疗系统，它可以通过计算机训练学习和算法，实现肿瘤治疗方案的制定和推荐。

在智能医疗时代，沃森系统无疑是一个具有极强能力的超级计算机，其所积累的数据量和数据处理的速度是别的系统难以比拟的，同时也是单个医生难以比拟的。但是必须承认，沃森系统并不能回答医学问题，而只能在相关数据的基础上给出最接近真相的多个答案，然后由医生挑选出最科学合理的那一个。因此，沃森系统仅仅是帮助医生和护士更好、更快地完成工作，而不是真的要取代他们。另外，由于沃森系统中包含了超级计算机的认知技术，因此在理解和分析肿瘤治疗的信息时可以做到非常精准，从而更好地帮助医生确定治疗决策。

中山大学附属第六医院成立了由胃肠外科领导的结直肠肿瘤和胃肿瘤多学科综合治疗（Multiple-Disciplinary Team，MDT）中心，此举的主要目的是让每位胃肠肿瘤患者在第一次就诊的时候就能获得胃肠肿瘤专家的联合会诊，从而确定更加有效的治疗方案。

与 MDT 团队的治疗水平相比，沃森系统还有较大的差距，也尚未达到真正的个性化治疗。沃森系统的诊断规范和治疗规范几乎全部都来自国外。与国外的患者相比，我国的患者在很多方面都不同，如治疗习惯、生活习惯、疾病特征、消费水平等。因此，沃森系统必须不断优化，以更好地适应中国患者的情况。

举一个比较简单的例子，在面对一位已经 80 多岁的肿瘤患者时，沃森系统会给出化疗的建议。但是大多数 80 多岁的患者并不太愿意接受化疗。这时，医生就会对患者的具体情况进行评估，如果可以根治，就会立即为其安排手术。

虽然 MDT 团队不会改变沃森系统的治疗原则，但是会通过我国的病例不断对其进行验证和训练，从而使沃森系统的治疗更加本土化，有实操性。

此外，MDT 团队还会利用沃森系统提供的循证医学证据，结合我国胃肠肿瘤规范化诊疗指南，以及 MDT 团队的临床经验，针对中国胃肠肿瘤患者的特点，为患者提供更高效、更迅速、标准化、个性化的精准治疗方案，同时也为沃森系统提供更多具有中国特色的循证医学证据、顶级专家经验，从而更好地优化其在我国胃肠疾病临床诊疗上的应用。

人工智能有利于医疗领域的革新，这一点毋庸置疑。不过患者需要的不仅是疾病的治愈，还有情感上的关注和爱护。因此，医生应该提升人工智能的能力，为其组织一些情感方面的训练，从而提升其情商，使其具备人情味。

人工智能+营销：开启千人千面营销新时代

关于营销，每家企业都有自己的理解，大多数企业都在积极探索适合自身实际情况的战略。在这样一个全新的人工智能时代，传统营销已经不能满足企业和消费者的需要，取而代之的千人千面的新型营销。

7.1 人工智能变革营销的内容形式

随着科学技术的日益发展，人工智能在营销等商业领域的应用范围正在逐渐扩大。目前，人工智能使营销的内容形式发生了巨大的变革。例如，竖屏视频和 MG 动画成为主流，获得众多企业的追捧；AR/VR 大行其道，进一步优化了消费体验。

7.1.1 竖屏视频和 MG 动画成为主流

最近几年，内容营销成为营销领域的“香饽饽”。相关数据显示，90%以上的 B2B 企业使用了内容营销，85%以上的 B2C 企业使用了内容营销，这些企业在内容营销上的平均花费占据所有花费的 25%左右。

如今，人工智能让内容营销的效果变得更强，同时也变革了营销的内容形式。例如，在视频类的内容中，竖屏视频和 MG 动画成为主流，对企业的品牌推广和产品宣传产生了极大的影响。

1. 竖屏视频

从横屏视频到竖屏视频的过渡，也是从“权威教育”语境到“平等对话”语境的过渡。很多时候，竖屏视屏不仅是广告，更是生活化的原生内容。而且在观看竖屏视屏时，企业与用户之间的距离会更近，用户往往更容易进入企业设定的情境。

此外，竖屏视频在视觉上更加聚焦，有利于突出卖点，抓住用户的注意力，从而把产品尽可能深入地传达给用户。可以说，竖屏视频有很多的优势。因此，作为营销的主体，各大企业必须掌握竖屏视频的几大玩法，具体如下。

（1）在图文时代，广告通常以海报的形式出现，在视频时代，宛如海报一般的竖屏视频也可以成为手机上的动态宣传工具。

（2）在竖屏视频中融入一些比较重要的信息，如广告语、产品介绍、售后服务、促销活动等。

（3）把竖屏视频研究透彻之后，企业还可以使用一种全新的“套路”，即把竖屏视频做得像游戏一样，以闯关的形式来突出产品的某些优势和特性。

2. MG 动画

MG 动画可以直接翻译为图形动画，即通过点、线、字，将一幅幅画面串联在一起。通常，MG 动画会出现在广告 MV、现场舞台屏幕等场景中，虽然它只是图形动画，却具有很强的艺术性和视觉美感。

不同于角色动画和剧情短片，MG 动画是一种全新的表达形式，可以随着内容和音乐同步变化，让观众在很短的时间内清楚地了解企业要展示的东西。人工智能和 5G 的出现让 MG 动画变得更加流畅、衔接，其传播力和表现力也提升了很多。

如今，在产品介绍、项目介绍、品牌推广等方面，MG 动画都可以发挥很大的作用，因此受到了企业和用户的喜爱。在营销时，企业可以找专业人员制作 MG 动画，以便更好地向用户展示产品的特性和优势。

竖屏视频和 MG 动画是营销领域的创新，这两种与众不同的营销方式让企业更接地气，为企业创造了巨大的想象空间。

7.1.2 AR、VR 大行其道

自从人工智能发展起来之后，与之相关的技术也得到了发展，其中比较有代表性的是 AR 和 VR。作为可以让用户拥有沉浸式体验的技术，AR、VR 受到了很多企业的欢迎。

在用户为王的时代，把体验做到极致比什么都重要。在这方面，AR、VR 很有发言权。

首先，AR、VR 可以为用户打造家庭场景。用户可以通过 AR、VR 看到自己购买的新家具放在家中究竟是什么样子的，从而帮助自己做出购买决策。例如，宜家（IKEA）和 Wayfair 家居电商都引入了 AR 为用户模拟家具摆放的真实场景，使他们的消费体验得到了极大的提升。

其次，AR、VR 可以为消费者模拟穿上衣服的模样。在购买衣服时，消费者最先想到的问题一定是“我穿上这件衣服会是什么样子”，AR、VR 就可以帮助消费者回答这一问题。例如，尼曼·马库斯百货公司会为消费者提供一面应用了 AR 技术的“智能魔镜”，消费者可以穿着一件衣服在这面镜子前拍一段不超过 8 秒的视频，然后穿上另一件衣服做同样的动作。这样一来，消费者就可以通过视频对两件衣服进行比较，并从中选出更加满意的那件。

最后，AR、VR 可以告诉用户“产品是什么、应该怎么用”。很多企业都希望用户给在货架前就能了解并购买自己的产品，于是，这些企业开始利用手机与用户互动。例如，用户用手机扫描产品的二维码，就可以得到产品的详细信息并了解其用法。

在星巴克上海烘焙工坊，人们可以通过淘宝 App 中的“扫一扫”功能和 AR 识别功能，观看烘焙、生产、煮制星巴克咖啡的全过程。通过这种全新的互动形式，让人们体验到咖啡文化的底蕴。

借助人工智能、AR、VR，产品变得比之前更加真实、更有触感，这有利于吸引和留存用户。当用户通过 AR、VR 获得优质体验之后，会将产品分享到微博、微信、小红书、抖音等社交平台上，这种为产品进行二次宣传的举动，可以再次触发销售机会。

7.2 人工智能变革广告宣传

对专注营销的群体来说，技术是为用户创造优质体验的利器。H5 广告、跨屏广告、实景广告等都是技术与营销结合的现象级成果。在人工智能愈发成熟的当下，营销领域正在以最快的速度学习这项技术，并将其应用到实践中。

在广告宣传方面，人工智能也大有可为，整个营销生态圈在这方面做了很多精彩的尝试。人工智能和其他一些新技术会对企业有所启发，这也代表了未来广告宣传的走向。例如，人工智能让跨屏广告和实景广告迅猛发展。

7.2.1 H5 广告逐渐代替 App 广告

H5 广告是一种数字广告，其传播途径非常广泛，包括手机、iPad、电脑、智能电视等，所有的移动平台都可以成为 H5 广告的入口。H5 广告刚刚上线时，虽然没有触及太多的用户，但是依然在营销领域掀起了不小的风浪。

如今，在人工智能、5G、物联网等技术的推动下，奇迹开始发生，H5 广告的地位一路攀升，大有代替 App 广告的势头。5G 的超强数据传输能力和超流畅播放能力，使“一切在云端”成为现实，手机一旦不再需要存储能力，那么所有的 App 都不再是“App”，而是一条 H5 链接。App 推广场景中的“下载”“激活” 将不复存在。

与此同时，基于人工智能的人脸识别技术也已经非常成熟，未来绝大多数企业都会依赖人脸识别技术来帮助用户完成注册和登录。这也就意味着，在以 H5 广告为主要投放形式的企业中，再也不会出现“表单”注册这样的场景，用户可以更直接、便捷地使用产品。

在人工智能出现以后，广告转化模型不再像之前那样有很深刻的研究意义，企业无论是否愿意，都会被迫将关注点转移到广告展示前的用户行为分析上。可以说，人工智能将打破了传统的广告转化逻辑，以 H5 互动场景为基础的广告转化将成为发展趋势。

除了人工智能，5G 也有很大的作用，如给小程序带来重大升级，甚至产生私有 App 模式。当然，私有 App 模式能否产生还是个未知数，但对企业来说，这样的可能性不可以忽视。

在技术大爆炸的时代，很多场景都会频繁出现。例如，顾客在海底捞等待座位时，可以登录海底捞的 App，查询当前排队的实时情况和空闲座位额流转情况。这样的 App 还提供其他服务，如预先点菜、观察孩子在儿童区玩耍的实时影像等。

现在，H5 广告所具有的跨平台、轻应用等优势越来越突出，这也是很多企业都要大力发展 H5 广告的一个重要原因。作为营销领域的新鲜血液，H5 广告兼具话题性和情感性，可以为企业带来创意上的突破，帮助企业在技术时代的市场竞争中取得成功。

7.2.2 跨屏广告与实景广告迅猛发展

试着想像这样一个场景：一个消费者走进了一家购物中心，他看到一楼的屏幕上正播放着某个品牌的广告，并迅速对这个广告产生了兴趣。于是，这个消费者开始在屏幕上点击广告，然后在弹出的菜单中选择“将这个广告发送到我的手机上”。

借助人工智能、5G、物联网等技术，这样的场景已经成为现实。例如，消费者可以通过输入手机号码等操作，让广告出现在手机上，之后，他只要点击广告，就可以直接访问品牌的线上旗舰店，或者系统以十分精确的导航将他引导到品牌的线下门店。

由此可见，在上述技术的影响下，跨屏广告已经成为现实，并获得了迅猛发展。跨屏广告会让消费者的购物体验进一步升级，企业也将获得更多基于用户行为的数据，这些数据可以提升广告投放效果，促进产品销售。

与跨屏广告一同迅猛发展的还有实景广告。实景广告是通过 VR 或 3D 投影，将具体位置的实际景象以互动的方式展示给消费者，房地产、景区、汽车、购物中心、游乐园、酒店等都非常适合这种广告。

对企业来说，实景广告就像“开箱”展示一样，可以给消费者一种真实的体验和身临其境的感觉。5G 出现以后，网速还会大幅度提升，实景广告将代替简单的图片广告和视频广告，让消费者以任意视角和位置查看产品的细节。

当人工智能遇到 5G、物联网，跨屏广告与实景广告的发展就一路上突飞猛进，这不仅是技术和创意的结合，更是企业与用户的连接。在这种交互式的营销策略下，单向传播开始转变为双向沟通，广告也变得能听、会说、爱思考。

7.2.3 线下广告趋于程序化

现在很多企业都在提倡线上线下共同发展，这样的理念已经蔓延到广告宣传上。如今，线上广告已经实现了程序化。人工智能和 5G 的出现，让线下广告跟上了线上广告的步伐，也开始向程序化的方向发展。这一点可以从以下三个方面进行说明。

（1）5G 的高网速能够支持实时的动态物料展示，甚至支持来自于云端的视频和创意。

（2）高可靠、低时延的传感器可以准确识别用户的特征和状态。

（3）线下广告的展示次数可以通过智能设备传给企业，这消除了每千人成本结算方式的障碍。

除此之外，新技术还会改变线下广告的销售方式。举例来说，百度的“聚屏”，其价值只有借助人工智能和 5G 才能真正体现出来。

程序化的线下广告能使企业在合适的时间将重要的信息传递给精准的用户。无论企业制定了什么样的目标，用程序化的思维去发展线下广告都十分必要，这意味着营销将变得更加简单、有效，也有利于企业牢牢抓住增量市场。

7.2.4 驾驶室变身推广阵地

人工智能催生了自动化的汽车，使人们的双手得以解放。当双手解放之后，人们就能够做一些其他的事情，这为企业进行营销提供了绝佳的机会。在自动化的汽车内部，车载娱乐将十分丰富，驾驶室可以变成新的推广地点。

首先，在人工智能的助力下，人与汽车之间的交流将更加灵活、顺畅，同时用户与企业的互动也会更加方便。例如，企业的产品广告可以投映到汽车内的智能设备上，人们观看起来会更加清晰和方便。

其次，汽车内的超级影院具有十分完善的配置，强大的车载系统可以将车窗变成屏幕，让汽车变成一个舒适的观影空间。在这种情况下，企业就可以在车载系统中投放广告，使用户在观影的同时了解产品和品牌。

最后，汽车可以为用户提供舒适的环境，用户可以在驾驶室内小憩、利用智能设备购物、下棋、健身等。既然驾驶室内有购物的场景，那就存在营销的可能。

百度与现代汽车达成了车联网方面的合作，双方将携手打造搭载小度（百度推出的一款智能机器人）车载 OS 的汽车，推进人工智能在汽车领域的应用。小度车载 OS 包含液晶仪表盘、流媒体后视镜、大屏智能车机、小度车载机器人四个方面的组件。其中，小度车载机器人具有丰富的表情，能够识别用户的语音、手势、表情等，而且可以在听到用户的指令后为用户推荐附近的餐厅和酒店。可想而知，被小度车载机器人推荐的餐厅和酒店肯定会成为很多用户的第一选择。

车载娱乐系统和车载机器人展现了汽车行业未来的发展趋势，人工智能和 5G 等技术在汽车领域的应用，将加速汽车的自动化进程。今后，汽车将变身为“智能管家”，成为企业的营销场景，为企业的发展贡献力量。

车载娱乐系统的发展满足了企业扩大推广地点的需求，为企业的营销创造了更多可能性。现在拥有汽车的家庭越来越多，通过车载娱乐在驾驶室内做营销可以让企业的产品和品牌得到广泛传播，是人工智能潮流下的一种不错的宣传策略。

7.3 人工智能让营销展现新景象

从精准指导用户画像，到塑造全新的消费体验，再到全域式的宣传手段，人工智能覆盖了营销的方方面面。借助各类算法，企业可以在海量的数据中分析用户的需求和偏好；借助人脸识别、语音转换、全息投影等技术，用户在购物时将更加愉悦。

人工智能的价值已经得到认可，在该项技术的辅助下，营销人员可以从繁重的工作中解脱出来，去完成一些创新性工作。从企业的角度来看，人工智能可以引导和推动数字化转型，也能够有效解决成本转化的问题。

7.3.1 精准指导用户画像

用户画像是营销的一个重要组成部分，其本质是完整、真实地将用户的特征还原出来，从而帮助企业更好地抓住用户的心。比较典型的用户画像主要包括以下几个维度：性别、年龄、收入、教育程度、星座等。当然，如果企业想让用户画像更加精准，还可以在上述维度的基础上继续细分，如图 7-1 所示。

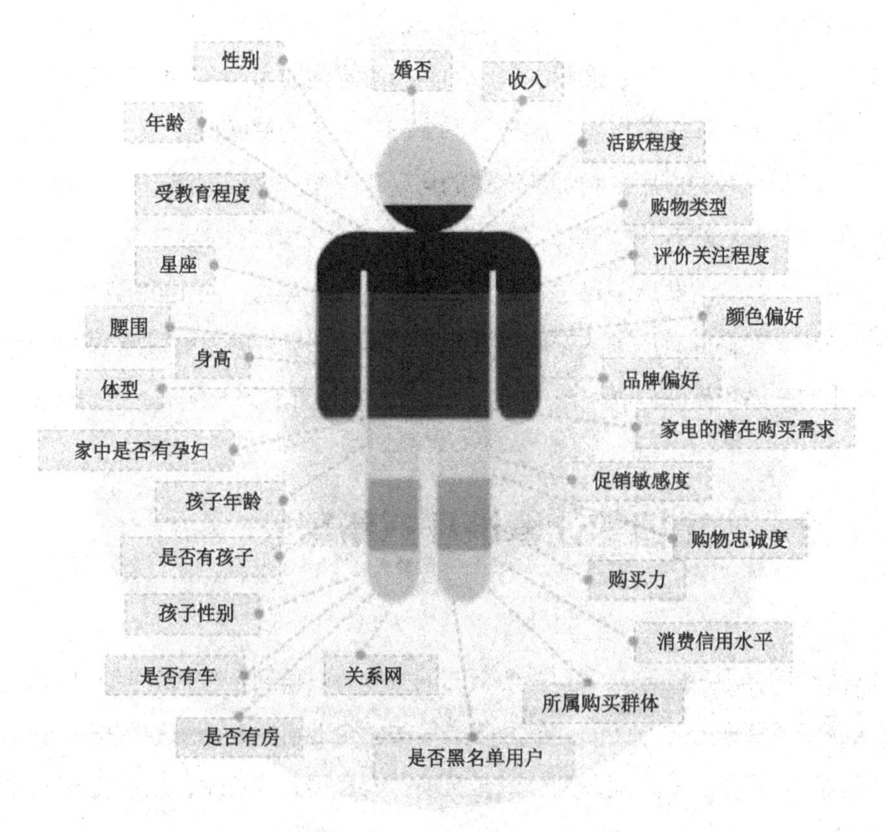

图 7-1　细分的用户画像

其实用户画像最初十分简单，相当于一份个人档案，但是现在，随着人工智能、大数据、5G 等先进技术的发展，企业可以在最短的时间内捕捉到更加全面的信息，用户画像也因此变得更加精准。

例如，人工智能出现以后，智能设备的保有量会进一步上升，企业可以获取的数据不断增多，这些都使用户画像的细分成为可能。为了抓住先进技术带来的契机，在描绘用户画像时，企业应该做好以下几个方面的工作。

1. 建立用户画像方向或分类体系

给哪些用户画像？画什么样的像？为什么要画那样的像？会有什么样的画像分类和结果……这些问题并不是大数据系统自动产生的，而是需要企业来设定的。因此，很多企业都在使用人工与大数据系统相结合的用户画像方法，即由人工设计画像的方向和体系，由大数据系统生成画像。这种方法既可以保证用户画像的体系化，也能增强用户画像的应用性。

2. 研究用户的标签

企业在处理数据的过程中，通过制定用户的标签，可以将数据进行快速分类和提取。每个标签是对用户最简洁的标准化描述，不论员工还是机器，都能够通过汇总标签来快速找到某个用户的偏好及特征。

3. 注重用户画像的隐私

大数据几乎让用户信息完全暴露在企业面前，但企业不能借此而做一些对用户有不良影响的事情，如随意泄露用户的隐私。企业可以通过收集相关数据对用户进行分类和贴标签，但绝对不可以将这些数据销售或送给其他企业。

用户画像通常要依靠大量的数据和标签进行综合建模才可以完成。例如，某企业的消费主力军是音乐偏好人群，这时就不能只考虑他们某一次的购物行为，而是要根据他们的购物频次、消费比例、购物时间等多方面信息综合描绘用户画像。

7.3.2 全息投影与远程实时体验

全息投影的核心功能是虚拟成像，即利用干涉和衍射原理记载并再现物体真实模样的三维图画。借助全息投影，消费者即使不配戴 3D 眼镜，也可以感受到立体的产品，并从中获取身临其境的极致体验。尤其在线上购物时，全息投影可以为消费者增加交流感，消费者对产品的喜爱程度也会比单纯的屏幕显示提高很多。

目前，在营销领域，全息投影主要应用于广告宣传和发布会上的产品展示，这可以为消费者带来全新的感官体验。而人工智能的落地则可以将这种感官体验实时传递给不在现场的消费者，从而进一步扩大广告宣传的范围。

例如，某品牌推出了新款汽车，若想打动消费者，已经不能使用老套的“文字＋图片”的营销策略，因为这种营销策略无法满足现代消费者的心理需求。营销人员需要寻求新的宣传手段进行产品展示，而全息投影就是一个很好的选择，其展示效果如图 7-2 所示。

图 7-2 汽车的全息投影效果

由图 7-2 可见，全息投影生动地展现了这款汽车的特色，让其更加鲜活地展现在消费者面前。在相对黑暗的环境下，全息投影系统利用白色的线条勾勒汽车的轮廓，使其形成相对立体的模型，不同形状的图案交叠在一起，展现了对汽车细节的设计，明亮的颜色更是抓住了消费者的关注点。消费者在没有看到实物之前，甚至已经可以猜想它的样子。

汽车不仅是用来驾驶的，也是用户生活水平的体现。全息投影可以根据品牌的需要，为产品量身打造从颜色、形状到表现形式都能符合消费者偏好的设计。这样的设计可以突出产品的亮点，使产品得到更多消费者的喜爱，品牌也可以因此销售更多产品，获得更多利润。

与传统的产品展示不同，基于全息投影的产品展示能够运用生动的表现方式，赢得消费者的喜爱。如果将全息投影应用于 T 台走秀中，还可以将模特的服装和走步刻画得十分美妙，让消费者体验虚拟与现实相融合的梦幻感觉。

人工智能使全息投影的应用范围变得更加广泛，如商场和街头的橱窗等。总而言之，人工智能打破了全息投影的空间限制，能使消费者获得远程实时体验，企业也可以更好地向消费者展示产品，提升自身的竞争力和时代前沿性。

7.3.3 全域营销的前景愈发广阔

当企业面临着社会大环境、用户群体、市场发展趋势的“三重变化”时，单一的营销模式已经不再适用，取而代之的应该是覆盖面更广的全域营销。也就是说，企业需要尝试技术和数据共同驱动的战略，以实现以用户为中心的品牌宣传和产品推广。

从始至终，用户都是营销的起点，全域营销十分重视企业和用户之间的关系，这一点在人工智能时代表现得尤为明显。全域营销可以细分为四大版块，如图 7-3 所示。

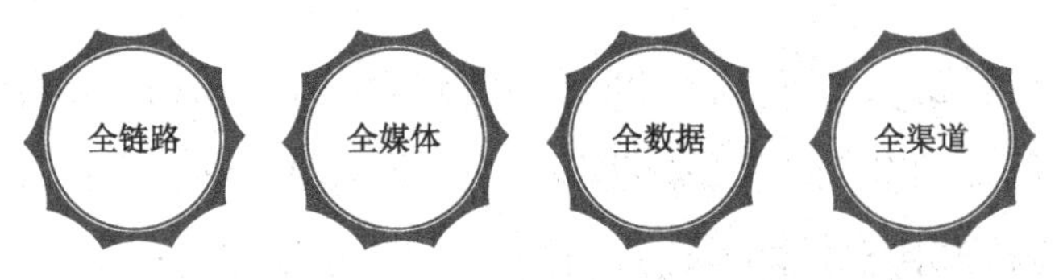

图 7-3　全域营销的四大版块

1. 全链路

典型的用户链路分为认知、兴趣、购买和忠诚四个维度。在解读全链路时，企业既要考虑用户与品牌之间的关系，又要思考在营销上如何做出决策和行动。全域营销能够在一些关键性节点为企业提供工具型产品，帮助企业完成与用户之间的行为闭环。

盒马鲜生从用户体验入手的全链路营销模式值得广大企业学习和借鉴。用户在产生购物欲望后，可以通过盒马鲜生的线下门店或线上平台两种渠道购买产品。用户在线下门店购买产品后可以直接带走，也可以将其交给盒马鲜生的后厨加工后进行堂食。

在线上平台，盒马鲜生承诺“3 公里 30 分钟送达”，为了达成这一承诺，盒马鲜生必须保证在订单生成后，扫码、拣货、传送、打包、配送等各个环节都有序且高效。

在线下门店的运营中，生鲜产品占据盒马鲜生的主要盈利份额，而这类产品的显著特点就是不能久置，因此，盒马鲜生提供了堂食区和加工服务。此举不仅增加了用户流量，提高了门店人气，更优化了用户的消费体验，可以说是一举多得。

除此之外，盒马鲜生店内还安装了连接产品陈列区和后仓的传送滑道，减少了商品传送过程中的碰撞等损耗，同时也节省了大量的人力和物力。

综合来看，盒马鲜生从选购产品、陈列产品、拣货操作、传输系统，一直到配送到家的每个环节都经过了精心设计，实现了整个供应链的贯通和联动。这样做既可以最大限度地保证运营效率，还能降低综合成本。

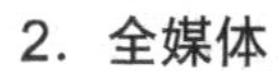

2．全媒体

随着互联网的快速发展，移动传媒渠道受到了大众的高度重视。在这种情况下，报纸、电视、互联网、移动互联网共同构成了当前的主要传播渠道，简称全媒体传播渠道。

基于此，越来越多的企业希望建立起自己的全媒体传播渠道。例如，海尔就围绕微信、微博等平台，建立了自己的全媒体矩阵。“80 万蓝 V 总教头”的头衔虽然是戏称，但也从侧面证明海尔新媒体运营团队在建立全媒体传播渠道方面确实取得了好成绩。

3．全数据

大数据时代，用户识别、用户服务、用户触达等都将实现数据化，数据以其巨大的价值，在全域营销中占据着非常重要的地位。数据可以带动业务的增长，也能更好地服务用户。人工智能在服务于企业内部时，可以使其实现真正意义上的数字化管理；在服务于用户时，能够保证服务的个性化和多元化。

企业要想实现全数据，就要注意将资讯系统与决策流程进行紧密结合，只有把握好这一关键点，才能在最短的时间内回应、修正用户的需求，从而做出可以立刻执行的合理决策。

4．全渠道

企业要想实现全渠道营销，需要把握三个关键点：保证线上线下同款同价、重视用户的消费体验和打通全渠道数据。

对用户来说，无论在线上还是在线下，最重要的目的都是能够愉快并且高效地买到自己所需要的产品。因此，企业要想实现全渠道营销，就要不断优化用户消费体验。另外，营销方面也应该从传统的标准化驱动逐渐转变为个性化灵活定制。

打通线上线下店铺、社交自媒体内容平台、线上线下会员体系、线下线上营销数据是实现全渠道营销的关键步骤，将这一步骤完成好，可以让用户感受到无缝化的跨渠道体验，从而加深用户对企业的好感。

受到全域营销的影响，企业纷纷入局，致力于实现线上线下的互通，进行数字化变革。作为一项前沿技术，人工智能为企业和用户构建了高度个性化的消费场景。如今，只有更智能的全域营销才能满足用户的需求，用户的体验越好，企业的发展才越有动力。

7.4 “人工智能＋营销”落地场景

人工智能和营销，这两个对企业比较重要的概念的结合，会把未来的商业带向何方？试着想像一下，你和闺蜜一起走进一家门店，系统会自动引导你们关注适合自己风格和品位的衣服。人工智能让这样的场景不再只存在于想像之中。

作为行业内的佼佼者，京东、淘宝、盒马鲜生都在加速“人工智能＋营销”的落地。京东了打造智慧物流和智慧仓储；淘宝推出了为“闺蜜相打折”的活动；盒马鲜生培养了用户新的支付习惯。这些案例共同组成了营销矩阵。

7.4.1 京东：智慧物流＋智慧仓储

京东虽然是一家以电商为核心业务的企业，却拥有自己的一套物流体系，而且这套物流体系，无论配送速度还是配送质量，都有口皆碑。当然，这些成绩的背后，少不了人工智能的助力和支持。正因为人工智能的助力和支持，在众多物流企业业务几近瘫痪的情况下，京东物流依然可以屹立不倒。对于京东的物流，消费者也通常会给出比较高的评价。

取得如此骄人的成绩的同时，京东始终没有停下布局智慧物流的脚步。

在智慧物流方面，京东最初希望使用无人机为消费者配送快递，但因为相关技术尚不成熟、监管过于严格等问题，该目标在短时间内还很难实现。于是，京东开始在无人车上动起了心思，并实现了使用无人车在校园内配送快递的目标，这使其迈出了智慧物流的重要一步。

除了智慧物流，京东还在积极布局智慧仓储，在这一过程中，一个不得不提的强大助力就是无人仓。无人仓可以大幅度缩短产品的打包时间，从而加快物流的整体效率。在京东的无人仓中，发挥强大作用的智能产品一共有 3 种。

（1）搬运机器人。搬运机器人体积比较大，重量大概 100 公斤，负载 300 公斤左右，行进速度约为 2 米/秒，主要职责是搬运大型货架。有了这种机器人，搬运工作就比之前好做了很多，所需时间也比之前短了很多。

（2）小型穿梭车。在京东的智慧仓储中，除了搬运机器人，小型穿梭车也发挥了重要作用。小型穿梭车的主要工作是搬起周转箱，然后将其送到货架尽头的暂存区。而货架外侧的提升机则会在第一时间把暂存区的周转箱转移到下方的输送线上。借助小型穿梭车，货架的吞吐量已经达到了 1600 箱/小时。

（3）拣选机器人。小型穿梭车完成工作以后，就到了拣选机器人出场的时候。京东的拣选机器人配有前沿的 3D 视觉系统，可以从周转箱中对消费者需要的产品进行精准识别。通过工作端的吸盘，周转箱还可以接收到转移过来的产品。相关数据显示，与人工拣选相比，拣选机器人的拣选速度要快 4~5 倍。

智慧物流和智慧仓储进一步完善了京东的物流体系，提升了京东的整体效率。在行业内，京东率先实现了几乎所有自营产品当日送达的目标，这是其最大的优势，也是其可以拿来与其他企业进行竞争的有力武器。

7.4.2 淘宝："闺蜜相打折"连通线上线下

新零售是人工智能催生出来的一个新概念，其本质是线上线下融合。在新零售方面，淘宝可谓当仁不让的先行者。例如，"新势力周""淘宝不打烊"等线上活动都与新零售息息相关，而基于人工智能的"闺蜜相打折"则是一个非常出色的线下活动。

“闺蜜相打折”吸引了众多消费者的参与和支持。通过具有面部识别功能的智能设备，两个人有没有“闺蜜相”一测便知，这样的新型互动方式迅速掀起了一股消费热潮，打造了一场前所未有的立体营销。

在消费现场，消费者和同行的闺蜜只需要在智能设备前合影，该智能设备就可以根据二者面部相似度、微笑灿烂程度等指标给出一个“闺蜜相”分数，如图 7-4 所示。不同的“闺蜜相”分数可以换取不同面额的优惠券，换取的优惠券可以在淘宝上购物时使用。

图 7-4　消费者正在获取“闺蜜相”分数

用于给“闺蜜相”打分的智能设备是由阿里巴巴机器智能技术部研发的，该智能设备利用高端的面部识别技术，对消费者面部的一些属性（如年龄、性别、发色、表情、是否戴帽子等）进行检测和识别。

“闺蜜相打折”这样的线下活动是“快闪”时尚与人工智能的完美结合，是淘宝将 iFashion（淘宝的一个线上活动）融入消费者生活的一个创新玩法，可以让消费者感受一次史无前例的购物体验。通过“闺蜜相打折”，淘宝可以贴近消费者、感受消费者，让消费者身临其境地体验潮流趋势，感受产品优异的质量。

在新零售时代，“闺蜜相打折”不仅植入了新奇有趣的互动体验，激发了消费者的积极性和热情，还将淘宝为生活增添色彩的理念融入产品之中，充分彰显了独特的时尚态度。

消费者永远不会停止对新鲜感的追求，如果企业只把重心放在线上活动上，那么将很难在碎片化、同质化的时代取得成功。“闺蜜相打折”让消费者感受到了人工智能对新零售的加码，实现了技术与快闪模式的完美结合，为各大企业提供了借鉴和启发。

7.4.3 盒马鲜生：只接受线上支付

盒马鲜生是一家综合型超市，但又不只是一家超市。它除了具有超市的职能，还可以充当餐饮店、菜市场等。为了适应线上线下融合发展，以及技术升级的市场趋势，盒马鲜生开创了新的战略——全面线上支付。

在消费者为产品付款的时候，盒马鲜生只接受支付宝和 App 这两种方式，这一点很好理解，因为盒马鲜生的投资者时互联网企业阿里巴巴。在这种情况下，盒马鲜生也就成了全国首家支付宝会员生鲜实体店。

之前，很多法律专家都认为，盒马鲜生设定的支付方式并不符合相关法律规定。不过，自从第一家盒马鲜生开设以来，政府并没有要求其立刻关门整改。这也在一定程度上表明，政府已经默许了盒马鲜生所提倡的全面线上支付模式。而对盒马鲜生来说，这一模式也确实有很多好处，主要体现在以下几个方面。

（1）有利于收集到店用户和线上下单用户的所有消费数据。

（2）通过工作人员引导用户完成盒马鲜生 App、支付宝 App 的安装，可以把更多的线下用户都吸引到线上，从而大幅度提升用户的消费黏性。

（3）有利于进一步打通支付宝收银系统、支付宝电子价签系统、物流配送系统三者之间的关系，从而使盒马鲜生的运营模式得以优化，实现真正意义上的商务电子化。

另外，在支付宝和 App 的助力下，盒马鲜生已经形成了自己的闭环。

（1）通过线上线下两种方式对相关消费数据进行更深层次的了解，从而形成多方面的价值，如大数据、营销、广告等，当然，也可以填补 O2O 成本。

（2）用户可以在支付宝与盒马鲜生之间进行更加畅通的流动，这样一来，用户黏性和 O2O 闭环效应都得到了大幅度提升。

盒马鲜生的全面线上支付等于将所有线下用户变为会员，这样可以大幅度降低盒马鲜生的会员成本。此外，大多数企业都面临着信息孤岛和断点式客源数据的痛点，盒马鲜生这种全面线上支付的战略可以收集用户的消费数据，实现线下引流，刺激用户黏性，打通收银、价签和物流系统，从而有效消除这些痛点。

第8章 人工智能+工业：引领“绿色智造”

技术对工业的冲击远远超乎人们的想像，在新的变革面前，企业必须迎着风口而上，否则就会被发展的浪潮淹没。人工智能时代，如果制造企业能够把握住“弯道超车”的机会，那么商业格局将被重新洗牌。“人工智能+工业”的趋势已经无法逆转，制造企业需要顺应这一趋势，并准备好迎接这一趋势所带来的一系列影响。

8.1 人工智能催生工业互联网

作为变革工业的两项关键技术，人工智能与工业互联网有着深刻的渊源。一方面，工业互联网中的高级计算、自动感应、机器组件等都需要人工智能的参与；另一方面，在工业领域，人工智能需要借助工业互联网展现自身价值。

目前，工业互联网主要通过机器和智能设备实现人机协同，提高生产的效率。

在人工智能、大数据等技术的推动下，工业互联网可以帮助制造企业建设数字工厂，优化产品设计与研发，进而增强制造企业的生产力和影响力。

8.1.1 数字工厂：全方位的联网管理

近些年，数字工厂已经成为全球工业的发展趋势，越来越多的企业为了保持和提升自身的竞争力，都开始了这方面的探索和尝试。在数字工厂中，一切都是以人工智能、云计算、大数据、物联网为基础的联网管理，这有利于打通各方资源，实现效率的提升。

数字工厂的核心是数据，企业需要考虑各个决策对数据的需求，把数据快速分配到不同的环节，建立起一个灵活的组织架构，促进不同环节之间的合作和协调。在我国，很多发展较快的企业都已经实现了这样的目标。

例如，三星整理了所有与生产相关的数据，找到 2 000 个因子，并将其分成三类：产品特性、过程参数、影像。对于影像数据，三星多将其用于电影、游戏等商业性娱乐产业中，解决了不同地区之间进行实时远程协同配合的需求。

在人工智能方面，三星不仅对生产过程及产品进行百分之百的自动检测，还通过人工智能设备判断产品的质量。以卷绕工序为例，三星的主要检测项目有材料代码、长度、正/负极、隔膜、张力、速度、卷绕、短路、尺寸、速度等 159 项，采用高清摄像进行外观查验，可以识别微米级的气泡，从而降低出错率，为用户提供优质的产品。

三星还可以实现自动监控和智能防错，以避免人为失误和异常状况的发生。在自动监控方面，三星主要从环境、生产、标准、设备等入手，以环境监控为例，具体包括温度、湿度、压差、洁净度四大工程，其中温度要控制在±2℃，湿度则始终保持在-32℃。

在三星的数字工厂中，中央系统会对现场环境进行 24 小时监控，通过探头自动收集数据。当现场环境出现异常变化时，中央系统会发出警报，风机和除湿等设备会在第一时间进行调整，直到现场环境恢复正常。

相关数据显示，有了数字工厂以后，三星生产线的布局时间减少了 40%、返工现象减少了 60%，生产效率提高了 15%以上，整体成本降低了 15%，产品的上市周期缩短了 30%。这些都可以带动企业效益的增加和竞争力的提升。

技术发展带来的个性化需求，使人们的价值观差异愈发明显，也让好不容易整合起来的市场再一次被打碎。为了适应这种新经济趋势，企业必须重视以数据为基础的数字工厂，尽快实现无人化生产，减少人为干预，达成高度自动化的理想状态。

8.1.2 从工人操作到人机协同

简单来说，人工智能其实就是"像人类一样聪明伶俐的机器"，将这个机器应用到制造领域，可以帮助企业提升生产和运营效率。与之前追求智能化、自动化的过程相比，实现"人工智能+工业"的过程有着本质上的差异。智能化、自动化的核心是机器生产，本质是机器代替工人；而"人工智能+工业"不存在谁代替谁的问题，主要强调人机协同。也就是说，"人工智能+工业"可以让机器和工人分别负责自己更擅长的工作。例如，重复、枯燥、危险的工作可以交给机器去做；精细、富有创造性的工作则由工人来完成。

就现阶段而言，还有很多工作必须通过人机协同才能做好。例如，用机器将产品装配好以后，需要工人来完成极为重要的检验工作，同时还需要为每个生产线配备负责巡视和维护机器的组长，如图 8-1 所示。

在工厂中，"机器换人"不是简单的谁替代谁的问题，而是要追求一种工人与机器之间的有机互动与平衡。但是，自从"机器换人"以后，工人结构确实发生了很大的转变，即由产业工人占主要比重的金字塔结构转变为技术工人越来越多的倒梯形结构。

图 8-1 组长在进行巡视工作

实际上，在描述工业互联网的新趋势时，与其使用“机器换人”，还不如使用“人机协同”或“人机配合”，毕竟在短期内，机器还不能完全取代工人。而且，与机器相比，工人在某些方面有着不可比拟的优势。

如今，大部分机器还只能完成一些简单、重体力、重复的流水线工作，面对高精度、细致、复杂的工作，则显得无能为力，需要工人来完成。这就表示，即使工业互联网时代已经到来，机器生产也有了很大的发展，工人也仍然不能被替代，他们需要致力于精细化生产，完成后端工作。

将机器应用于工厂中，是为了使其能够达到甚至超过工人的水平，从而提升生产的效率。可以说，工业互联网下的“自动化”是机器柔性生产，本质是人机协同，强调机器能够自主配合工人的工作，自主适应环境的变化，最终推动工业的转型升级。

有了人工智能，机器将从工具进化成为工人的队友。企业将越来越多地依靠机器来做某些工作，从而让工人集中精力去完成更高端、更重要的任务。人机协同的最终目标是把工人的优势与机器的优势相结合，以产生更强大的力量。在人工智能时代，这样的目标正在一点点地变成现实。

8.1.3 定制化、小众化的产品设计

随着生活水平的提高和消费理念的转变，人们不再只关心产品和服务，而是开始追求个性、独特、文艺、时尚等带来的精神快感。因此，企业必须以定制化、小众化为核心产品设计理念，以进一步满足现代市场的发展趋势和潮流。

过去，规模化的生产方式非常受欢迎，因为它大大提高了生产效率，很大程度上刺激了各国经济的发展。但是，当社会生产力不断提高以后，人们的需求发生了巨大变化，如何进行多个品种的小批量、柔性化生产成为新时代的热点。

目前大部分行业所提供的产品都已经趋于饱和，开始由卖方市场进入买方市场。经济的发展并没有带来创新能力的大幅度增长，这表现在两个方面：一是市场中充斥着大量的“山寨品”；二是产品性能、功效等方面过于相似。

“山寨品”的盛行，导致了严重的同质化竞争。以手机为例，苹果公司开启了刘海屏与竖置双摄像的时代，这种造型即便被用户各种吐槽，但众多手机品牌依然愿意模仿，导致目前市面上的手机外观基本都差不多，很少有独特之处。

尤其在工业互联网时代，信息变得更加透明，传播也更加迅速、广泛，用户在购物时已经不是“货比三家”，而是“货比三百家、三千家”。因此，企业必须思考自身的情况，看看自己是否陷入了同质化竞争，如果是，那就应该采取小批量、柔性化生产的策略。

丰田公司以生产成本低、产品质量高的优势提升了其市场竞争力，适应了时代的潮流，为日本汽车制造业的发展加足了马力。直到现在，小批量、柔性化生产仍然是丰田公司引以为傲的亮点，这个亮点不仅体现在为用户设计专属的汽车上，还体现在汽车零部件的个性化上。

如今，德国的很多企业能够掌握一些汽车零部件在整个市场上的供需动态，从而减少车间与车间、工厂与工厂之间不必要的仓储费用。这些企业最大的创新之处在于运用工业互联网的基本原理，实现汽车零部件生产的个性化，这也是最

贴近用户需求的做法。

因为每个产品的成本和质量都不同，所以我们还无法知道工业互联网下的小批量、柔性化生产究竟能带来多大程度的成本下降和质量提升。不过可以肯定的是，在工业互联网时代，企业能够根据市场的变化形势来调整方案，对企业和工厂来说，这种无时差、无地域的直接反馈性调整有利于转型升级的尽快实现。

工业互联网不仅变革了工业和制造业，甚至还占据了吃饭、出行、看电影等休闲娱乐版块。工业互联网之所以能够呈现出如此强大的能力，正是因为它不断融入传统领域，并对其进行正向的改造。

8.2 人工智能下的现代化工业

如果将工业比喻为人类的手和脚，那人工智能就是大脑。曾经，工业虽然以一种相对粗犷的方式发展，但它为我国经济发展做出的贡献不可磨灭。如今，工业已经变成人工智能的最大落地场景，其生产体系也上升到一个更高的水平。

在竞争日益激烈的今天，企业的发展步伐稍微慢一点就有被淘汰的危险。不过，百度、海尔、华为等巨头已经入局人工智能领域，并为其他企业做出了好榜样。例如，百度云推出了质检云，进一步简化了质检流程；海尔打造了互联工厂，实现了价值创新；华为构筑了全新的 OceanConnect 生态圈，为用户提供了一系列端到端的行业应用。未来，现代化工业中还会出现更多这样的精彩案例。

8.2.1 质检云：提升质检的效率和质量

1. 质检云的功能

在产品正式上市之前，企业必须对其进行质检。传统质检主要依赖人力，这种方式主要有以下 3 个缺陷。质检人员的薪酬水平逐年提高，使质检成本持续增加；当质检人员出现疲劳、粗心、操作失误、走神等情况的时候，很可能导致漏检、误检，甚至二次损伤；在炼钢工厂、炼铁工厂等特殊行业场景，质检人员的安全得不到保障，很可能受伤，甚至失去生命。

如果用智能质检设备进行质检，则完全可以弥补上述缺陷，同时还可以让质检变得更加迅速和统一。此外，《中国制造 2025》也要求尽快完成传统质检向智能质检的转变。在这种背景下，越来越多的智能质检设备开始出现，质检云就是其中比较具有代表性的一种。

质检云基于百度的 AI、大数据、云计算能力，深度融合了机器视觉、深度学习等技术，通过对多层神经网络进行训练来检测产品外观缺陷的形状、大小、位置等，还可以将同一产品上的多个外观缺陷进行分类识别，不仅识别率、准确率非常高，还特别容易部署和升级。此外，质检云还具有一项非常出色的创新，那就是省去了质检人员干预的环节。

除了产品质检，质检云还具有产品分类的功能。质检云可以在人工智能的基础上为相似的产品建立预测模型，从而在很大程度上实现精准分类。

从技术层面来看，质检云具有三大优势，如图 8-2 所示。

图 8-2　质检云的三大技术优势

（1）机器视觉。质检云基于百度多年的技术积累，实现了对工业的全面赋能。与传统视觉技术相比，机器视觉摆脱了无法识别不规则缺陷的弊病，而且识别准确率更高，甚至超过了 99%。不仅如此，机器视觉的识别准确率还会随着数据量的增加而不断提高。

（2）大数据生态。只要是质检云输出的产品质量数据，就可以直接融入百度大数据平台。这样不仅有利于用户更好地掌握产品的质量数据，还有利于让这些数据成为优化产品、完善制造流程的依据。

（3）产品专属模型。质检云可以提供深度学习能力培训服务，在预置模型能力的基础上，用户可以自行对模型进行优化或拓展，并根据具体的应用场景打造出一个专属私有模型，从而使质检、分类效果得以大幅度提升。

2. 质检云的适用场景

质检云适用于大多数场景，如需要大量质检人员的工厂，主要包括屏幕生产工厂、LED 芯片工厂、炼钢工厂、炼铁工厂、玻璃制造工厂等。综合来看，质检云适用的场景包括但不限于以下几个。

（1）光伏 EL 质检：质检云可以识别出数十种光伏 EL 的缺陷，如隐裂、单晶/多晶暗域、黑角、黑边等。人工智能使缺陷分类准确率有了很大的提升。

（2）LED 芯片质检：质检云通过深度学习，对 LED 芯片缺陷的识别和分类进行训练，使质检的效率和准确率都有了很大的提升。

（3）汽车零件质检：质检云可以对车载关键零部件进行质检，而且支持多种机器视觉质检方式，在很大程度上加快了质检的速度。

（4）液晶屏幕质检：质检云可以根据液晶屏幕外围的电路，设计并优化预测模型，大幅度提升了准确率。

工业是我国现代化进程的命脉，也是发展前沿技术的主要阵地。质检云推动了整个工业的降本增效，在提升工业竞争力、避免利润外流等方面具有很大的作用。在人工智能的加持下，质检云还加速了现代化工业社会的到来，让制造企业走向自动化、数字化。

8.2.2 海尔：打造互联工厂，实现价值创新

一直以来，海尔都是技术的引领者和新理念的倡导者。在人工智能发展得如火如荼的今天，海尔更是不会停下自己的脚步。互联工厂是海尔入局“人工智能＋工业”的典型案例，该工厂坚持以用户为中心，满足用户需求，提升用户体验，实现产品的迭代升级。

此外，海尔互联工厂还借助模块化技术，提高了 20%的生产效率，产品开发周期和运营成本也相应地缩短了 20%。这种良性循环，最终提升了库存周转率和能源利用率。那么人工智能是如何改变海尔互联工厂的生产的呢？具体体现在以下 4 个方面。

（1）模块化生产为海尔互联工厂的智能制造奠定了基础。原本需要 300 多个零件的冰箱，现在借助模块化技术，只需要 23 个模块就能轻松生产。

（2）海尔借助前沿技术进行自动化、批量化、柔性化生产。

（3）通过三网（物联网、互联网和务联网）融合，在工业生产中实现人人互联、机机互联、人机互联和机物互联。

（4）海尔致力于实现产品智能和工厂智能。产品智能是结合人工智能，借助自然语言处理使海尔的智能冰箱可以听懂用户的语言，并执行相关操作；工厂智能是借助各项先进技术，通过机器完成不同的订单类型和订单数量，同时根据具体情况的变化，进行生产方式的自动调整优化。

在这样的智能生产系统下，海尔互联工厂可以充分满足用户的个性化需求，加速产品的迭代升级，获得更丰厚的盈利。在我国，海尔互联工厂是工业转型升级的一个重要标志，在全球，它是制造企业对外输出的美好象征。由此看来，对整个工业生态来说，海尔互联工厂是一个必不可少的存在。

8.2.3 华为：构筑全新的 OceanConnect IoT

OceanConnect 是华为推出的一个 IoT 生态圈，该生态圈以 IoT 联接管理平台为基础，通过开放应用程序接口和系列化 Agent（一种分布式的人工智能）将上下游产品的能力融合在一起，从而为用户提供车联网、智能抄表、智慧家庭等端到端的行业应用。

针对 OceanConnect，华为提出了“1+2+1”策略，即 1 个开源物联网操作系统，2 种连接方式（有线连接和无线连接），1 个物联网平台。作为华为技术布局过程中的一个重要环节，OceanConnect 具有非常重要的价值，如图 8-3 所示。

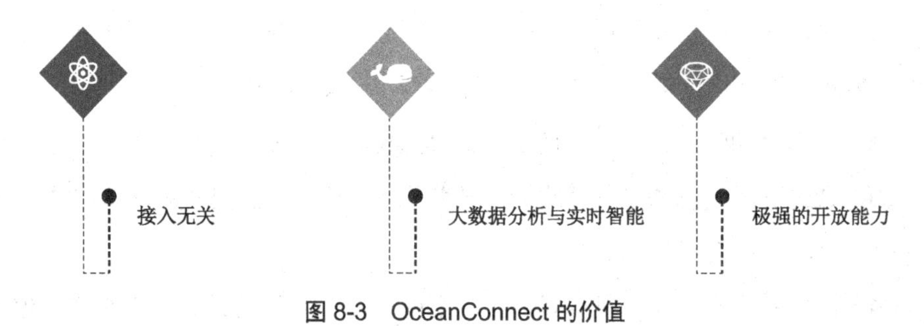

图 8-3　OceanConnect 的价值

1. 接入无关

接入无关是指 OceanConnect 支持任意设备和任意网络的接入，这样不仅进一步简化了各类终端厂家的开发工作，还可以让用户聚焦于自己的核心业务。如今，为了充分满足开发需求，OceanConnect 已经推出了近 200 个开放应用程序接口，同时还致力于帮助终端厂家实现联接安全。而系列化 Agent 则为设备和网络的接入提供了坚实的保障。

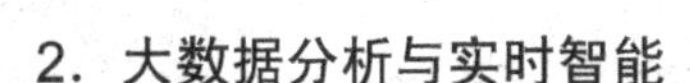

2. 大数据分析与实时智能

OceanConnect 不仅可以对云端平台、边缘网关、智能终端进行自动化、分层次的控制，还可以提供智能分析工具，如规则引擎等。另外，作为技术创新的突出贡献者，华为一直坚定不移地支持主流国际标准的制定和推行，因此 OceanConnect 可以在全球范围内应用。

3. 极强的开放能力

OceanConnect 有三层开放能力。应用层的开放主要面向程序开发者，为其提供开发使能套件；平台层的开放主要面向集成开发者，为其提供业务安排和设备管理等服务；设备层的开放主要面向终端开发者，为其提供系列化 Agent 及设备开发工具。

目前，华为的 OceanConnect 涉及多种生态，如水平生态、车联网生态、第三方云互通生态等。在这些生态的助力下，OceanConnect 可以满足各类开发需求，华为也能够借此提升自己的技术实力和市场地位。

8.3 面对人工智能，传统制造企业何去何从

人工智能是当今社会发展的驱动力，可以创造很多新的机会。在流量为王的互联网时代，很多企业都想方设法成为某个细分领域的入口，以便更好地掌控用户，完成变现。在效率为王的人工智能时代，这样的玩法还行得通吗？答案是否定的。那么面对人工智能，企业，尤其是传统制造企业应该何去何从？本节就来阐述这个问题。

8.3.1 正确对待人工智能，积极应用新技术

技术是一把双刃剑，既有利也有弊。对传统制造企业来说，当务之急是让人工智能变成一把“单刃剑”。

这样的目标应该如何实现？最关键的是用正确的态度去对待人工智能。正如险胜 AlphaGo 一局的李世石所言：“人机大战并没有让我感受到失败的痛苦，反而更能理解下棋的快乐。”又如连败 AlphaGo 三局的柯洁所言：“AlphaGo 让我深刻理解了围棋的奥妙。”

毋庸置疑，人工智能一直都在进步，很可能冲击一大批传统制造企业。但越是这样，传统制造企业越要有积极的态度，不可以一味地屈服于人工智能的强大能力。从本质上讲，人工智能仅仅是人类研发出来的一项技术，既没有头脑，也没有情感，人类所以无须对此感到担忧。而且很多时候，人工智能还能成为传统制造企业实现转型升级的重要工具。

传统制造企业应该引入技术人才，了解人工智能的运行规律和优缺点，掌握运用人工智能的方法。一旦做到这些，传统制造企业的效率和能力就会有很大程度的提高。引入“能干”的机器或机器人，使其与工人一起工作也非常必要，可以帮助传统制造企业获得新生。

8.3.2 改变策略，走精细化生产道路

作为一个制造大国，我国拥有完整的生产流程和生产模式。但是由于传统思维的禁锢和技术意识淡薄，一些传统制造企业更愿意采用人工生产方式。与机器生产相比，人工生产确实有一定的优势，因为目前机器的智能化仍然有着非常大的局限性。

具体来说，机器并不能完成所有的工作，只能完成一些简单、重体力、重复

的流水线工作。如果面对高精度、细致、复杂的工作，机器则显得无能为力。很多制造企业引入大量的机器生产产品以后，得到的结果并不完美。这主要是因为受到机器局限性的影响，制造企业很难在成本和技术方面有所突破。

因此，传统制造企业可以改变策略，走精细化生产道路，凭借近乎完美的工艺在激烈的竞争中崭露头角。

从逆境中看到希望，总结以往的经验并充分弘扬自身的优势，是传统制造企业获得成功的重要策略。传统制造企业需要重新审视发展过程中的得与失，重新判断是否有引入人工智能等技术的需要，这样才可化危机为转机，顺利应对变幻莫测的新环境。

8.3.3 加强工人与机器之间的配合

前面已经提到，“人工智能＋工业”推动了人机协同的实现。通过人机协同，传统制造企业可以提升自身的数据采集能力，也可以对整个生产过程进行跟踪和管理，全面控制智能设备的性能和产品的质量。

此外，人机协同还可以加强生产设备、包装设备、仓储拣货设备、运输设备等各类智能设备之间的联系。这样有助于减少人力成本，并在保证各个环节可以快速流转的前提下，进一步提升生产的效率和质量。

在无纸化办公方面，人机协同可以监控订单完成进度，通过机器便可以知道正在生产的产品有多少，等待生产的产品有多少，从而解决出货延迟问题。

由德国推出的 7 轴轻型人机协作机器人 LBRiiwa 将工人和机器连接在一起，使二者可以直接合作。LBRiiwa 就像工人的“第三只手”，不需要任何多余的步骤，就可以完成交互工作。不仅如此，德国还研究出了双臂机器人 YuMi，这是人机协同领域的一个重大突破。

如今，人机协同的方式越来越多，之前那些看似无法成真的场景正在一步步变为现实，如智能制造、智能家居、3D 打印等。可以说，谁能够尽快做到人机协同，谁就可以在制造市场中占得一席。对传统制造企业来说，这绝对是一个突破自我的绝佳机会。

我们不妨想像一下：工人对着各种各样的电子屏幕，不需要手写输入，只需要说出想做的事情和想完成的工作，机器就可以在第一时间执行，如图 8-4 所示。

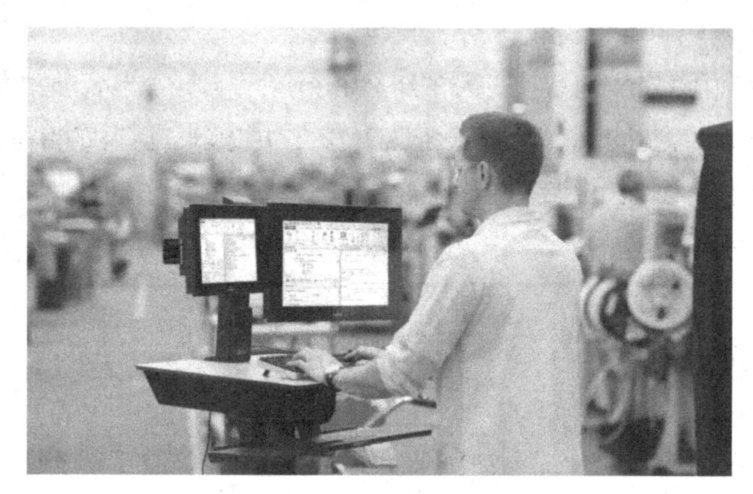

图 8-4　工人对着电子屏幕指导工作

在各种技术层出不穷的当下社会，工人和机器的合作会更加密切，二者一起工作的机会也越来越多。对传统制造企业来说，这就是便捷化、自动化、智能化的生产，工人的科技感也会在这一过程中被不断放大。

第9章

人工智能+生活：生活也能极富创意

现在网上经常有某企业召开智能产品发布会、人工智能再次取得巨大突破等报道。在生活中，人工智能的身影也随处可见，如智能音箱、虚拟试衣间、扫地机器人等。可见，人工智能已经延伸到人们生活的方方面面，让生活更加富有创意。

9.1 人工智能“入驻”百姓家庭

在国外，亚马逊的智能音箱 Echo 受到广大用户的喜爱，在国内，阿里巴巴的智能音箱天猫精灵也创造了“销售神话”。以智能音箱为代表的智能产品已经“入驻”百姓家庭，并且不断地刷新人们对智能生活的认知和体验。

如今，智能生活的发展势头十分迅猛，很多企业为了促进消费，提升自身竞争力，都想方设法让自己的产品与智能生活挂钩。于是，智能家居、虚拟试衣间、扫地机器人、智能监控等应用案例开始出现，使人们的生活变得更加便捷、高效。

9.1.1 智能音箱：随时听从吩咐

1. 智能音箱的功能

据 Canalys 提供的数据显示，2019 年四季度，全球智能音箱的销量增长了 52%。即使在新冠肺炎疫情期间，2020 年前两个月全球智能音箱的销量也增长了 13%。在智能音箱获得良好发展的同时，各大企业也纷纷加强研究和设计工作，并取得了不错的效果。

智能音箱是智能生活的入口。随着人工智能的迅猛发展，各种功能各异的智能音箱如雨后春笋般落地生根，进入千家万户。现在人们都戏称智能音箱是生活中的“大玩具”。从目前的市场发展状况来看，智能音箱有四个显著功能，如图 9-1 所示。

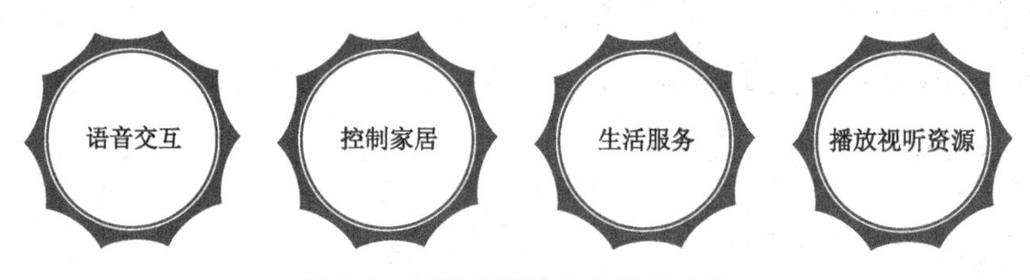

图 9-1　智能音箱的四个显著功能

（1）语音交互。语音交互是家庭化智能音箱的基础功能。人们可以借助智能音箱进行语音点歌，或者通过语言交流来进行网上购物。这样的交互手段会大幅提升交流和购物的效率。在本质上，智能音箱的语言交互和 iPhone 的 Siri 功能一致。人们既可以向智能音箱寻求知识，也可以和智能音箱开玩笑，增加生活的乐趣。

（2）控制家居。控制家居是智能音箱的硬性功能。智能音箱类似于万能的语音遥控器，它能够有效控制智能家居设备。例如，当室内光线太强时，用户可以告诉智能音箱微调一下智能窗帘；冬天的夜晚，当室内的温度偏低时，智能音箱就会自动控制空调，使室内的温度适合人的作息。

（3）生活服务。生活服务是智能音箱的核心功能。借助智能音箱，用户可以迅速查询天气、新闻及周边的各类美食和酒店服务。另外，智能音箱还提供一些实用的功能，如计算器功能、单位换算功能及查询汽车限号功能等，这些功能都可以方便人们的生活。

（4）播放视听资源。播放视听资源是智能音箱的娱乐功能。智能音箱借助互联网，能够与各类视听 App 相连，使用户以最快的速度了解到最新的资讯。如果用户想听好听的音乐，智能音箱会智能连接网易云音乐，智能推送当下流行的音乐，或者根据用户的需求，智能推荐曲风类似的歌曲。如果用户想获得有趣的内容，智能音箱也会立即连接喜马拉雅 FM 电台，播放新鲜有趣的资讯和段子。

2. 智能音箱代表——小度在家

小度在家是典型的家庭化智能音箱，这款智能音箱由百度和小鱼在家联合推出。它具有超强大的语音交互功能，而且还极具特色。我们在使用小度在家时，只需对着它喊“小度、小度”，它就能够立即做出回应。这样的交流也非常有趣，会让我们感受到技术给他们的生活带来的快乐。

小度在家的最大特色就是富有人性化的设计。如今，生活节奏加快，年轻人大都过着朝九晚五的生活，陪伴父母的时间越来越少，使父母在生活中缺乏足够的照料。小度在家的出现，就能够有效解决这一问题。

年轻人在外工作的时候，小度在家可以作为情感陪伴型机器人待在父母的身边。父母不爱听流行歌曲，偏爱戏曲，小度在家就为父母智能推荐高质量的戏曲。父母年纪越来越大，记忆力衰退在所难免。小度在家会及时地提醒他们带好出门必备的物品。例如，父母在出门前，小度在家会提醒他们记得带钥匙，并提醒他们外面的天气状况。这样父母的出行就会很顺利。

陪伴问题也是小度在家重点解决的问题。父母只需要讲，“给孩子发送视频通话”，小度在家就会立即进行相关的操作。小度在家的屏幕较大，视频影像也很清晰，即使隔着千山万水，父母也能够与远方的儿女进行交流。

企业在开发智能音箱时，需要不断满足用户的真实需求和核心诉求，这样才能真正成为智能生活领域的佼佼者。在竞争激烈的市场上拥有一席之地。

9.1.2 智能家居：技术改变日常习惯

万物互联正在逐渐成为现实，智能家居也在5G、大数据、人工智能等技术的推动下获得迅猛发展，为用户带来更加美好的生活体验。智能家居指的是“智能生活在家庭中的场景”，除了家庭，还有与家庭场景相似的智能旅馆的智能化客房。

智能化客房指的是客房将各种智能装置、家电与传感器联网，在电灯、电视、窗帘等装置中导入辨识技术，为用户提供更便捷的服务。智能旅馆的智能化服务主要体现在个性化服务和情境两个方面。

在个性化服务方面，预订旅馆时，用户可以在个人资料中设置房间的温度、亮度等，系统会在用户抵达之前调好。在情境方面，入住客房后，用户可以用智能音箱控制智能家居、灯光或设定闹钟，还可以自动调节水温或加满水等，这在许多方面都与家庭场景十分相似。

旺旺集团旗下的神旺酒店曾经与阿里巴巴人工智能实验室合作，共同打造人工智能酒店。阿里巴巴从智能音箱天猫精灵入手，为神旺酒店提供了以下服务。

（1）语音控制。用户可通过语音打开房间的窗帘、灯、电视等装置。

（2）客房服务。传统的总机电话服务功能将不复存在，用户可用语音查询酒店信息、周边旅游信息或自助点餐等。

（3）聊天陪伴。用户可以与天猫精灵有更多的互动，天猫精灵可陪伴用户聊天、讲笑话等。未来天猫精灵还可能增加生活服务串接、产品采购等功能。天猫精灵的智能语音助理可以把用户的家庭生活体验与出行住房体验结合起来，为用户提供更加贴心的服务。

在技术的推动下，智能家居将向更广的范围延伸。未来，在酒店、汽车等与家庭相似的场景中，都会有智能家居的身影。人工智能时代，智能家居的发展有无限可能，它可以充分解放人力，智能、理性地优化生活。

9.1.3 虚拟试衣间：全方位、无死角试衣

借助人工智能，虚拟试衣间为人们带来了与众不同的试衣体验。以“试衣魔镜”为例，它可以让人们沉浸在虚拟的画面中，为人们营造一种身临其境的感觉。

“试衣魔镜”具有虚拟试衣、体型调整、图片分享等众多功能，可以帮助人们减少重复脱换衣服的麻烦。此外，“试衣魔镜”还可以让人们体验不同风格、不同款式、不同颜色的衣服，让人们做一回真正意义上的“主角”。“试衣魔镜”有四大特点。

1. 快速试衣

在人体测量建模系统的支持下，人们只要在“试衣魔镜”面前停留三至五秒，就可以获得人体 3D 模型，以及详细精准的身材数据。而且这些数据还会被同步到“云 3D 服装定制系统”中。

2. 衣随人动

“试衣魔镜”能够以最快的速度将衣服穿在人们身上的效果展示在大屏幕上，人们可以直观地看出衣服是否合适自己。而且“试衣魔镜”会 360° 无死角地向人们展示试衣效果，这样人们就能够感受到前所未有的试衣快感。

3. 智能换衣

人们站在“试衣魔镜”面前，只需要挥一挥手，就能够自由地切换不同的衣服。之后，“试衣魔镜”会迅速展示穿好衣服的效果。这种智能换衣的方法，能够

大幅提升换衣的效率，也能够让人们有更多的思考和体验。

4. 试穿对比

人们在选择衣服时往往优先选择最近试穿的衣服，而会较快地忘记之前试穿的衣服。基于这一特点，“试衣魔镜”会自动保存所有衣服试穿效果的高清图片。当人们难以选择时，“试衣魔镜”会展示出最好看的几张图片，通过效果对比，帮助人们做出最好的选择。另外，人们还可以将图片分享给朋友，这就大幅增加了试衣的乐趣。

随着技术的不断升级，除了虚拟试衣间，虚拟偶像、虚拟旅游等也获得了迅猛发展，这些都是企业走向智能化、数字化的强大推动力。因于，对想转型的企业来说，必须关注虚拟事物的落地应用。

9.1.4 扫地机器人：让清洁工作不再枯燥

在当今社会，人们的生活节奏越来越快，时间越来越宝贵，可以帮助人们节省时间的产品势必会突出重围。作为一个可以节省清洁时间的产品，扫地机器人已经成为很多家庭的必备工具，如图 9-2 所示。

图 9-2 扫地机器人

人们只需要点击手机屏幕，就可以对扫地机器人进行远程操控，之后它就会自主地进行清洁工作。扫地机器人的工作原理来源于无人驾驶的传感技术，它能够自主绘制清洁地图，并智能地为清洁工作做出规划。根据相关测试，扫地机器人的清洁覆盖率已经超过 90%，达到了 93.39%。

在智能生活方面，除了扫地机器人，烹饪机器人、聊天机器人、擦窗机器人等也是人们的得力助手。例如，人们只需要为烹饪机器人输入美味佳肴的烹饪程序，并设置翻炒、自动配加调料等方面的功能，不用多久就可以吃到美味的饭菜。

如果企业想在扫地机器人这片蓝海市场上获得发展，就必须开发出独具特色的清洁解决方案。当然，企业也可以扩大范围，入局智能生活，整合其他云端服务，如快递接送、语音控制等，这也是不错的发展方向。

9.1.5 智能监控：强大的安全保障

在家里，人们的财产安全可以得到保障，能够享受到惬意的生活，但是偶尔也会出现一些安全隐患。例如，明明大门锁得很紧，却还是会发生令人烦恼的盗窃行为。智能监控系统的应用，会为人们带来更安全的生活。

智能监控系统不仅能够实现家居产品的智能控制，还能够进行全天候无死角的安防监控，从而有效保障人们的生命及财产安全。一般来说，一套完善的智能监控系统有四项必备功能，如图 9-3 所示。

1. 报警联动功能

报警联动功能非常智能、实用。居民安装门磁、窗磁后，能够有效防止不法分子的入侵。因为房间内的报警控制器与门磁、窗磁有着智能连接，如果发生异常的、不安全的状况，报警控制器就会智能启动警号，提醒居民注意。

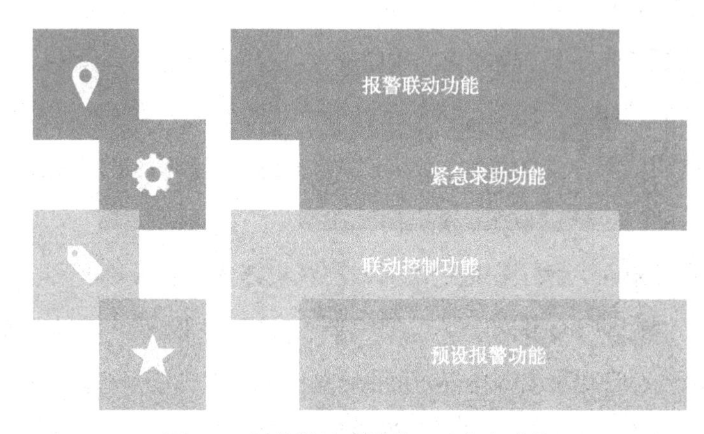

图 9-3 智能监控系统的四项必备功能

2. 紧急求助功能

紧急求助功能有利于室内人员的外逃生。过去，特别是在晚上，如果室内出现煤气泄漏，会给居民带来很严重的灾难，甚至引发人员死亡。人工智能时代，室内的报警控制器能够智能识别房间内的安全隐患，并智能启动紧急呼叫功能，及时地向外界发出信号，请求救助。这样就能够将伤害降到最低。

3. 联动控制功能

联动控制功能就是智能切断家用电器的电源。当居民外出时，有时可能忘记关闭某些电器的电源。例如，在外出时，电磁炉上正烧着一锅水，这样会导致很严重的后果，轻则把水烧干，把锅烧坏；重则发生严重的电泄露情况，甚至会发生火灾。联动控制功能的设置则能有效避免这类事情。联动控制功能可以智能断掉一切具有安全隐患的电源，使人们的家居生活更加安全。

4. 预设报警功能

预设报警功能就是直接拨打紧急求助电话进行报警。当家里的老人出现意外，需要紧急求助时，智能监控系统就会立即拨打 120。如果有不法分子入室抢劫，则可以通过预设报警功能直接拨打 110 进行报警。预设报警功能可使人们的财产损失和生命安全损失降到最低。

星智装是典型的智能监控系统，利用星智装，居民将拥有一个更安全、更舒适、更温馨的家。星智装智能监控系统有许多智能设备，如智能门锁、智能摄像监控等。智能门锁可以智能识别居民的开门动作。在人脸识别技术的支撑下，智能门锁会自动为居民打开房门，亮起屋内的灯，人们的生活会因此变得更加温馨舒适。

综上所述，智能监控系统已经成为人们日常生活中的好帮手，能够全天候监控，360 度无死角巡航，而且监控画面清晰，能够充当家庭的智能侍卫。同时，智能监控系统还可以与手机相连，即使人们不在家，只要拿起手机，就能够随时看到家里的任何情况，可谓“把家放在身边”。

9.2 人工智能在生活中的应用

21 世纪，信息开始大爆炸，5G 手机、智能音箱、无人超市、机器人等新兴事物也以惊人的速度渗透到人们生活的方方面面。人工智能在生活中的应用越来越广泛，甚至已经成为一个热门话题。本节就来阐述一下人工智能如何改变生活。

9.2.1 Echo：打开新的消费市场

2014 年，亚马逊推出了第一代智能音箱 Echo，开创了智能音箱的先河，直到现在 Echo 仍旧是智能音箱领域的领跑者。亚马逊首创了一个系统的智能语音交互系统，而且花了好几年的时间培养忠实客户，抓住了发展的先机。

Echo 的最大特色是将语音识别移植到较为传统的音箱中，这样传统的音箱就升级为新一代的智能音箱。智能音箱的作用很多，不再只是播放歌曲，而让人们能够通过语音操控它，让它与智能家居产品相互连接。智能音箱相当于人们的生活小助手。人们可以用生活化的语言向它发出指令，如预订火车票、网上购物、网上叫外卖等。

经过这些年的发展，如今市面上的智能音箱的种类和品牌越来越多，同时也有更多的创新形式。目前世界上著名的智能音箱品牌如表 9-1 所示。

表 9-1 世界著名的智能音箱品牌

企业名称	智能音箱及其功能
亚马逊	Echo：智能音箱的先驱，使人机交互更便捷
阿里巴巴	天猫精灵：强大的语音购物能力，开口就能购物
SSK	黑金城堡音箱：首创高清触控屏幕
京东	叮咚音箱：支持自主学习，自主了解人们的爱好
谷歌	HomeMini：拥有快速获取新闻、音乐的能力
海尔	智慧家：拥有 60 余项人机交互功能
喜马拉雅	小雅 AI：拥有喜马拉雅和百度音乐正版资源
Rokid	月石智能音箱：能够接入 18 个品牌的智能家居
百度	Raven H：语音识别效率更高
小米	智能音箱：小米智能家居的新入口，轻巧便捷

品牌越来越多，但同质化现象严重，而且功能也不尽完善，另外还存在一些小瑕疵。例如，当人们让智能音箱打开窗帘时，它可能出现“卡顿”现象，反应会迟钝。这种情况很容易导致人们心情焦躁。

智能音箱的发展道路还很漫长，为了使其能够不断进步升级，企业需要做到以下 4 点。

（1）在研发阶段，企业要为智能音箱输入高级的算法，让它具有更强的自主学习能力。

（2）在生产阶段，企业要为智能音箱挑选最好的原材料，从而增加它的反应速度，延长它的使用寿命。

（3）在商业落地层面，企业要结合自身的优势，同时根据市场的需求，创新智能音箱的形式，从而达到“百花齐放”的繁荣景象。

（4）在社会监管方面，对于智能音箱的制假造假行为，要严厉打击。

（5）在知识产权方面，企业要有专利保护意识，积极申请研发专利，得到相关的知识产权保护。

如今，智能音箱的发展如火如荼，也存在一定的不足和缺陷。企业要结合社会各方面的力量，为智能音箱更完美的未来打下坚实的基础。

9.2.2 淘咖啡：引发无人超市潮流

随着移动互联网和物联网的发展、人脸识别技术的突破及第三方支付的日益便捷化，“无人超市”逐渐出现在大众的视野内，走到了时代的风口浪尖，引起人们的广泛关注。无人超市准确来讲是“无售货员超市”，而并非没有任何人参与货物摆放的超市。

无人超市发展之初，只能做到无售货员结账、无推销员介绍产品。而到了现阶段，消费者可以自由进入无人超市，随拿随走，走后系统会立即通过智能手段让消费者进行支付。这大大节省了购物的时间，可谓既方便又快捷。

无人超市是新时代、新技术下的新产物。与原来的实体零售相比，无人超市具有显著的优势，具体如下。

（1）无人超市不设售货员、收银员等岗位，大大节省了人工成本。

（2）无人超市的环境优美、紧密，顾客能充分感受到无干扰的、自由化的购物体验。

（3）消费者在无人超市无须排队付账，随拿随走的方式使购物越来越便捷，越来越轻松。

（4）无人超市的销售模式在机械化、自动化、智能化的程度上逐渐提高，成为时代的新潮流。

这里，我们以阿里巴巴的淘咖啡为例，具体说明无人零售的整个流程。一家淘咖啡整体占地面积达 200 多平方米，是新型的线下实体店，至少能够容纳 50 名消费者。店内科技感十足，自备深度学习能力，拥有生物特征智能感知系统。

在淘咖啡店内，消费者在不看镜头的情况下，也能够被轻松智能地识别。通过配合蚂蚁金服提供的超强的物联网支付方案，能够为用户创造更完美的智能购物体验。消费者到淘咖啡买东西的程序也很简单，具体步骤如下。

当消费者第一次进店时，只需打开手机中的淘宝 App，扫码后即可获得电子入场码，之后就可以进行购物。在淘咖啡购物和在商店购物并没有太大区别，但是在离开商店之前，消费者必须经过一道“结算门”，如图 9-4 所示。

图 9-4　淘咖啡的结算门

淘咖啡的结算门由两道门组成，第一道门在感应到消费者的离店需求之后，就会智能自动开启；几秒后，第二道门开启。在这短短的几秒内，结算门就已经通过各种技术的综合作用，神奇地完成扣款。当然，结算门旁边的智能机器会为消费者提供提示，它会说：“您好，您的此次购物，共扣款 XX 元。欢迎您下次光临。”

无人超市的优势还不止于此，其智能系统也能够达到智能销售的目的。例如，当消费者拿到产品时，会不由自主地流露出相应的面部表情，也会展现出不同的肢体动作。也许消费者自己并未在意，但是智能扫描系统能够捕捉到他们的所有“小动作”，从而了解到他们的消费习惯或喜欢的产品。之后，智能扫描系统就会指导企业对货品进行更合理的摆放。

当积累了足够的数据和信息之后，智能系统还能够帮助无人超市进行更精确的产品推送，从而使无人超市整体的服务效果更好。当然，无人超市也不是万能的，也会有自身的缺陷。例如，与优秀的售货员相比，它显得没有太多的人情味。

因此，对于未来无人超市的设计，要考虑消费者的体验和感受。人工智能再智能，也很难完全了解人性、洞察消费者的心理。当前的无人超市还处于开发初期，功能并不完善，但是整体上瑕不掩瑜。相信随着技术的不断升级，无人超市将遍地开花。

9.2.3 Robear：有灵魂的陪伴型机器人

在全球范围内，各国都面临着不同程度的人口老龄化现象，这意味着未来需要更多的护理人员参与到老年人的日常护理工作中。而与此对应的是，护理人员数量严重不足。那么应该如缓解如此庞大的供需矛盾呢？答案是发展陪伴型机器人。

在这一方面，日本做得非常不错。

日本研究机构理化学研究所（Riken）和住友（Riko）联合开发了一款医用看护机器人——Robear，它也被称为“熊护士”。Robear 的外表酷似电影《超能陆战队》中的大白，体重为 140 公斤，底座比较小，移动灵巧。

Robear 可以帮助行动不便的病人行走、站立，为其提供力量支撑，还可以将病人轻轻抱起或放下。Robear 内置电容式触觉感测器，感测器可以将数据传输给制动器，制动器会根据感应情况判断患者身体的力道程度，所以它的动作非常轻柔。

有着可爱外表的 Robear 在护理方面虽然可以担当部分重任，但总体上在智能方面还有待改善。Robear 目前还不能完全替代护理人员，需要依靠人或平板电脑发出命令信号，然后执行命令。但可以预见，Robear 未来会成为护理好帮手。

目前，日本的陪伴型机器人已经进入规模化的商用阶段，这是政府支持、企业参与和技术进步共同作用的结果。

1. 政府支持

日本政府非常重视智能机器人领域的技术进步和推广应用，并设立有专门负责机器人产业的部门——经济产业省。经济产业省曾发布预测称，到 2025 年，日本机器人市场规模将超过 600 亿美元。同时，日本政府制定了护理机器人行业安全标准，鼓励科研机构、团体或个人从事机器人开发工作，并给予一定的财政补贴。

2. 企业参与

日本企业对机器人的研究热情非常高，这进一步加快了陪伴型机器人的研发进程。此外，政府还可以发挥财政和资源方面的支持作用，以激发更多企业的参与热情。

3. 技术进步

日本具有良好的机器人应用基础，同时，随着大数据、情感识别、人工智能等技术的发展，机器人的操作性、易用性都有了很大发展，陪伴型机器人更加成熟。

未来，护理人员、老人等群体对智能产品的要求和期待会越来越高，像 Robear 这样的陪伴型机器人肯定会发展得非常好。但是这并不表示，护理人员不再需要做任何工作，因为无论如何，机器人都只是帮手，无法完全替代护理人员完成工作。

第10章 人工智能+教育：变革思维，主动学习

人工智能让传统领域趋于大数据化、智能化、自动化。在众多的传统领域中，教育领域与人工智能有着天然的契合性，所以现在二者正在走向融合。此外，大数据、自然语言处理、人脸识别等技术也可以变革教育领域。本章将对此进行详细说明。

10.1 技术赋能教育的不同"姿势"

在所有的领域中，教育领域似乎是一个独特的存在。虽然之前互联网对诸多领域进行了渗透和优化，并催生了更符合时代发展的商业模式，但是教育领域仍旧没有发生本质上的改变。而现在，一些先进的技术正在赋能教育领域，为教育领域带来了创新。

当前的基础设施建设越来越完善，大数据、自然语言处理、人脸识别、人工智能等技术在教育领域广泛运用。这不仅扩大了教育领域的市场规模，还为中小型企业创造了很多弯道超车的机会。因此，我们必须了解技术赋能教育的不同“姿势”。

10.1.1 大数据：因材施教，教育走向个性化

很多学生都遇到过这样的情况：明明已经完全理解了课文内容，但是老师依然在重复地讲；这道题还没有弄明白，老师就已经开始解答下一道题。在教育过程中，每个学生的学习进度和知识储备都不相同，这就需要学校和老师想法设法做到因材施教。

通俗地讲，因材施教就是个性化教育。那么怎样才能让个性化教育成为可能呢？近年来，很多技术都已经应用于教育领域，其中比较具有代表性的是大数据。大数据使教育的关注点从宏观群体转变为微观个体，学生也因此可以获得精准、个性化的教育。

有了大数据，教育数据的采集、处理和分析将变得十分简单。通过建立教育领域相关模型，学校和老师可以掌握教育变量之间的关系。这不仅有利于提升教育决策的准确性、有效性，还可以实现人才培养和教学评价的个性化、多样化。

目前，为了进一步促进大数据与个性化教育的融合，很多大数据精准教学服务平台开始出现。例如，以“在当前大班教学的传统环境下实现个性化教育”为目标的极课大数据。极课大数据重点关注校园场景下的数据获取和效率提升。因此，极课大数据坚持从校内的教学环节入手，既不改变老师的教学流程，也不延长学生的学习时间，不仅采集了教学环节中的所有数据，还在这些数据的基础上生成数据报告，并在第一时间反馈给老师。

老师可以利用数据报告及时调整自己的教学节奏和方向，从而大幅度提升教学效果和教学效率。为了实现真正意义上的个性化教育，极课大数据还推出了以教育智能为核心的“超级老师计划”，并致力于打造在算法和海量数据训练基础上

的自适应学习引擎。组成该学习引擎的两个核心是，以关系和行为数据为基础的知识图谱、标准化的全量题库。

总之，大数据对教育领域产生了非常深刻的影响，推动二者的结合已经成为不可阻挡的趋势。不过必须承认，在我国，“教育+大数据”的发展尚未完全成熟，虽然出现了极课大数据这样的案例，但是之后还需要借鉴国外企业的实践经验不断完善自己。

10.1.2 自然语言处理：将讲解话语转化为板书

在教育领域，与视觉、听觉相关的技术将率先落地，其中就包括自然语言处理。借助该项技术，老师的讲解话语可以被自动识别并转化为板书。这样可以使老师的教学效率得到大幅度提升，从而为学生教授更多、更有趣的知识。

科大讯飞是我国一家顶级的科研技术企业，为自然语言处理的发展和应用做出了巨大贡献。自人工智能出现并兴起以来，科大讯飞就一直致力于自然语言处理的研发和创新。现在，科大讯飞已经让自然语言处理实现了多方面的突破，其中最明显的一个方面就是语音识别能力和语义理解能力的提高，这为语音教学、语音测试等活动提供了技术支撑。

那么，除了上面提到的提升教学效率，在教育领域，科大讯飞引以为豪的自然语言处理还可以带来什么效果呢？

首先，大幅提升阅读的效率。将自然语言处理融入教学中，借助其强大的语音识别和智能的语义分析，可以大幅度提升学生的阅读能力和阅读效率。另外，通过采取分级阅读的措施，为智能产品及算法制定严格的标准，并为学生和阅读素材划分严格的等级。这样的话，学生的阅读就会更加科学、合理，从而减少阅读的时间。

其次，有效提升学生的自我学习能力。将自然语言处理融入到自然实践中，可以指导学生更好地完成实践。以物理实验来说，以自然语言处理为核心的系统可以自动为学生讲解物理实验的操作步骤，而学生则可以在此基础上完成相应的操作。这不仅加深了学生对物理实验的理解，还可以提升学生的自我学习能力，可谓一举两得。

由此可见，自然语言处理在教育领域有非常独特的效果。该项技术不仅可以将语言转化为文字，还可以提升学生的阅读效率和自我学习能力。在教育环境不断变化的形势下，教育领域对自然语言处理的需求越来越强烈，因此自然语言处理将在教育领域发挥更大的作用，这十分符合学校、老师、学生的期待。

10.1.3 人脸识别：抓取学生表情，判断其注意力

作为当下时代的风口，“人工智能＋教育”正迅速席卷整个教育领域。人脸识别日益火热，引起了极为广泛的讨论。通过人脸识别，学生在课堂上的表情可以被抓取到，老师可以借此分析其注意力，帮助其更好地学习。如今，有些教育机构在研究这项技术，致力于加速其商业化进程，学而思培优便是其中的一员。

在传统的教室中，教学过程无法被清晰地展示出来，正因如此，老师既不能对教学过程进行科学分析，也很难为学生提供个性化的教学体验。人工智能可以让图像、语音、文字等数据被很好地识别出来，并形成一个数据汇集平台。学而思培优的“魔镜系统”就是在此基础上的一个教育应用。

“魔镜系统”可以提供多个功能，如师生风格匹配、老师授课评价等。当然，最重要的还是学生听课质量反馈。借助人脸识别，“魔镜系统”可以捕捉学生上课时的情绪（如快乐、愤怒、悲伤、平静等）和行为（如听课、举手、点头、摇头、做练习等），据此生成专属于每个学生的学习报告，这个学习报告不仅可以帮助老师更好地掌握学生动态、及时调整教学的节奏和方式，还可以给予每个学生充分关注。

为了打造真正的智慧教室，学而思培优还成立了 AI 实验室，并先后与多家知名院校如斯坦福大学、清华大学等达成合作，共同探索人工智能在教育领域的

应用。未来，在各教育机构的努力下，我国的教育事业将更上一层楼。

10.1.4 人工智能：助力学生测评，减轻老师工作压力

随着人工智能逐渐涉猎教育领域，老师的工作和之前相比有了较大变化。例如，学生测评不需要老师亲自去做，而是可以交给智能评测系统来完成。这样可以减轻老师的压力，帮助老师提高工作效率，让老师把精力放在学生的心理成长和素质提高上。

目前，智能测评系统有很多落地化的应用，主要包括自动阅读试题、智能审阅试卷、智能查漏补缺等。这些落地化的应用不仅能够极大程度上减轻老师批改作业的工作量，还能够帮助老师全面掌握学生的学习动态。

1. 智能测评系统能够为老师减轻负担

智能测评系统利用人工智能，将知识体系链接成为完善的知识网络，具备超强的分析速度和智能理解能力。智能测评系统能够实现自动化和精细化的作业批改，也能够进行智能归纳，对学生的学习情况进行多维度的数据整合分析。这样，老师就能够从繁重的作业批改中解放出来，转而制定更具创造性的备课方案。

2. 智能测评系统能够为老师增效

智能测评系统利用手写识别和大数据统计等技术，能够实现试卷和作业的逐行批改，以及高效全面的教学教务数据分析。这样，老师每天可以节省 2~3 小时的时间，从事更具个性化的指导方案的制定工作。

例如，老师可以借助智能测评系统开展精准施教。老师可以充分利用精细化的数据，实时调整授课方法。同时，利用精细化的数据，老师还能够对典型错题进行汇总，对各种知识缺陷进行补漏，以及对学生的学习趋势进行跟踪分析。所有这些都促进了教学的智能化、精准化，提升了老师的教学效率。

另外，借助智能测评系统，老师也会有更多的精力进行学生管理和家校沟通。老师的做事效率会更高，教学质量、师生感情、家校感情都会变得很好。

3. 智能测评系统能够有效提升学生的成绩

使用智能测评系统，学生可以根据测评结果进行错题再练和知识点查漏补缺。对于常错的知识点，智能测评系统会反复推荐相应的习题，供学生学习。同时，该系统会全面统计学生的学习数据，帮助其进行更具针对性的强化练习。这样学生就能够从书山题海中解放出来，稳步提升自己的学习能力。

毋庸置疑，智能教育的浪潮已经来临，学校及市场上的各类教育机构要顺应并加入这个浪潮。借助大数据、自然语言处理、人脸识别、人工智能等技术，教育的“智变”将成为现实，老师、学生都将从中获益。

10.2 “人工智能+教育”的商业前景

人工智能有利于促进“思考即学习”的实现，从而让学生只需要思考就能获得自己想要的知识。未来，帮助学生学习的书籍、学习机、电子辞典等将被淘汰，传统的教育方式也会发生翻天覆地的变化。

未来，学生将借助人工智能获得沉浸式的立体化学习体验，教学场景也会在技术的助力下变得更加丰富多元。此外，智能机器人也会掌握学生的学习情况，在此基础上为学生提供个性化的指导和鼓励，帮助学生高效、轻松地完成学习任务。

10.2.1 蓝海市场：早教智能机器人

随着物质生活水平的提高，人们对精神生活水平有了更高的追求。人们希望能够过得更加舒适，更加有娱乐感，更加有文化感。如今，为人父母者更是十分关注孩子的教育，希望孩子能够有一个更加美好的未来、更加远大的前程，于是早教市场开始逐渐火热。

在移动互联时代，许多业内人士都认为，未来的早教将向移动化和智能化的方向发展。于是许多早教机构都想尽办法买进高质量的智能产品。但行业内不可避免地存在鱼龙混杂的现象，有的早教机构发展得越来越好，有些早教机构却无人问津，甚至有些早教机构存在诸多教育隐患，令人诟病。

在人工智能时代，早教的步入门槛无疑将会继续增高，这一点在早教机器人领域体现得尤为明显。早教机器人的高门槛不仅仅体现在技术上，还体现在内容的生产和交互的方式上。

早教机器人在技术上会涉及语音交互、机器人的动作和肢体语言交互等。但是一般的语音交互技术不能很好地适应低龄儿童。企业需要做的是进一步对低龄儿童的语言和肢体动作进行深入研究，开发出更加智能的早教机器人，让它们理解低龄儿童的各种语言，从而进行更加有效的交流互动。

那么应该如何另辟蹊径，为儿童早教机器人的发展注入新的活力呢？其实，最核心的还是提高大数据收集能力，收集更多适合低龄儿童交流的信息。只有以足够的数据信息作为支撑，早教机器人才能够理解儿童的基本需求。在此基础上，还要进一步提高云计算的能力。例如，当低龄儿童打哈欠时，早教机器人能感知到孩子困了，就可以立即为孩子放一些安静的歌谣，从而帮助他们更快地进入睡眠状态。在睡眠时，孩子不仅得到了休息，音乐感也能得到提升。

另外，早教机器人也要输入很多动物的叫声，以满足低龄儿童的信息交流和娱乐需求。很多时候，低龄儿童虽然不会讲话，却在不断地观察，大脑也在不停地思考。例如，当儿童初次接触狗狗时，他可能不知道这是什么物种，只觉得这是一个很有趣、很调皮的东西，于是就将注意力放在狗狗身上。而输入狗狗叫声的早教机器人在发现孩子注视小狗时，会主动地发出狗狗的叫声。这样孩子就会感觉自己被理解了，就会感觉很快乐。

综上所述，早教机器人的发展前景比较广阔，但是现在此类产品良莠不齐，而且同质化现象严重。企业应该与科研界强强联合，打造出适应低龄儿童的早教机器人，从而赢得更好的发展。

10.2.2　双师课堂加强学生与老师之间的互动

双师课堂通常是指一次课堂中有两名老师，一名是教学经验丰富、教学成果显著的“明星老师”；另一名是经过严格选拔和专业培训的学习管理老师。

其中，“明星老师”通常由高校名师、杯赛教练、网课名师担任，主要工作是通过相关设备远程为学生授课；学习管理老师则负责在课堂上全面配合和跟进，如对学生进行管理和监督、查看学生的笔记、批改学生的作业等。

在双师课堂方面，新东方做得非常不错。截至目前，新东方已经在一些中型城市布局了大量的双师课堂。通过互联网、人工智能等技术，平台能够把新东方的优质课程通过直播、录播的方式同步传播到当地，然后由当地将学生集合起来一起学习。

在新东方，双师课堂的课程有固定的步骤，具体如下。

第一步，学生提前进入课堂，复习前一天做的笔记，准备入门测试。学习管理老师发放答题器并组织签到，再把学生的电子设备收上来，以便学生更加专心地听老师讲课。

第二步，上课前 10 分钟，学生使用答题器完成入门测试，测试结果会在第一时间同步到掌上优能，而学习管理老师也会将其分享到家长群，以便家长了解学生的复习情况。

第三步，学生打开自己的笔记本准备上课，老师用非常新颖的方法和非常前卫的思路为学生授课。

第四步，授课过程中，老师会随时与学生进行良性互动，如题目抢答、趣味手势游戏等。积极参与的学生有机会获得小礼品。

第五步，在老师讲授新课程期间，学习管理老师会一直陪同和监督学生，如保证课堂纪律、及时调整学生状态、布置相关作业等。

第六步，新课程讲授完毕以后，学生完成出门测试，与此同时，学习管理老师会对学生的笔记进行查看，如果笔记合格，学生就可以拿回自己的电子设备，离开教室。

第七步，课后，家长们会收到学生的学情反馈，学生们则会被督促尽快完成作业打卡。另外，学生们还会收到新课程无障碍解析、作业点评、作业错题讲解资料等。

在上述步骤的助力下，新东方的双师课堂已经吸引了一大批学生。

通过以新东方为代表的教育机构的不懈努力，双师课堂将为学生带来更多优势，这不仅会促进人工智能在教育领域的落地，还会推动新型教育模式的出现和发展。

10.3 “人工智能＋教育”的典型案例

人工智能与教育的进一步融合，使因材施教、智能测评、板书转化成为现实。现在人们经常提到人工智能时代下的教育创新，但是对于如何创新、在哪些方面创新等问题并不是十分了解。为了改善这一情况，本节介绍了近年来“人工智能＋教育”的典型案例。

10.3.1 Newsela：借助知识图谱丰富教学内容

借助知识图谱，学生可以更准确地发现适合自己的内容。国外已经出现了这方面的应用，其中比较典型是分级阅读平台—— Newsela。该分级阅读平台会为学生推荐最合理的阅读材料，同时还会把阅读和教学联系在一起。阅读材料后面还附带小测验，并生成相关阅读数据报告，这样老师就可以更好地掌握学生的阅读情况。

Newsela 抓取了来自多家主流媒体（如《华盛顿邮报》《彭博社》等）的文章，然后派专人将这些文章改写为难度系数不同的版本，最后提供给处于不同学习阶段的学生。在 Newsela 的界面上，文章都是按照时间顺序排列的，会及时更新。学生可以利用搜索主题、类别、关键词的方式，找到自己最感兴趣的文章。Newsela 界面如图 10–1 所示。

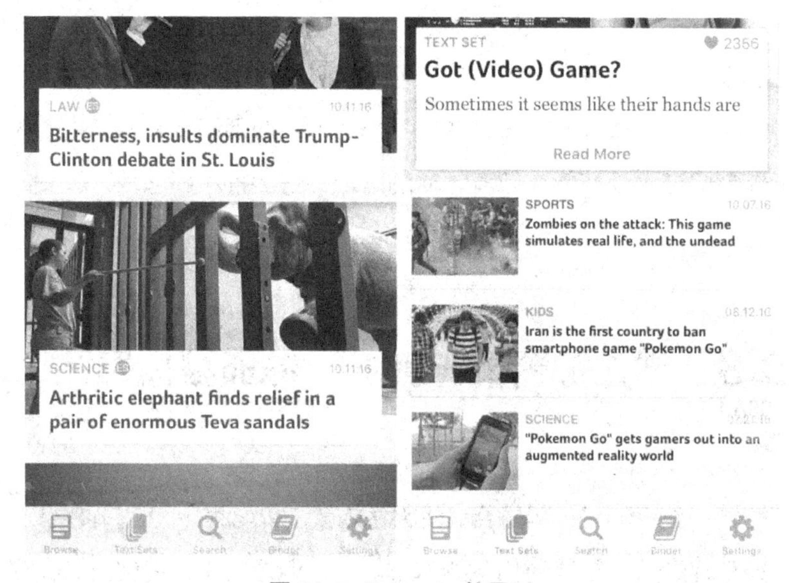

图 10-1　Newsela 的界面

Newsela 上的每篇文章都可以分为从难到易 5 个版本，不同的难度是通过对生词量进行调节来实现的。因此，使用 Newsela 的学生并不需要担心自己的词汇量不够，只要用手指上下滑动便可轻松切换文章的难度，非常方便。

在阅读完文章以后，学生还可以进行测试。同一篇文章，如果难度不同，对应的测试题目也不同。每篇文章后面一共附带 4 道测试题，学生可以在任何时候查阅文章，因此只要仔细阅读，一定能取得不错的测试成绩。

目前，使用 Newsela 的学生数量已经接近 500 万人。我国现在还没有像

Newsela 这样的个性化阅读学习应用，但未来一定会出现，让我们拭目以待。

10.3.2 科大讯飞：致力于简化作业批改流程

对老师来说，一项必不可少的工作就是为学生批改作业，如果遇到作业非常多的情况，甚至会批改到深夜，这难免会对老师的健康造成不良影响。

随着信息化建设和人工智能的不断发展，大数据、语音识别、文字识别和语义识别等技术的应用使智能批改逐渐变成了现实，如图 10-2 所示。

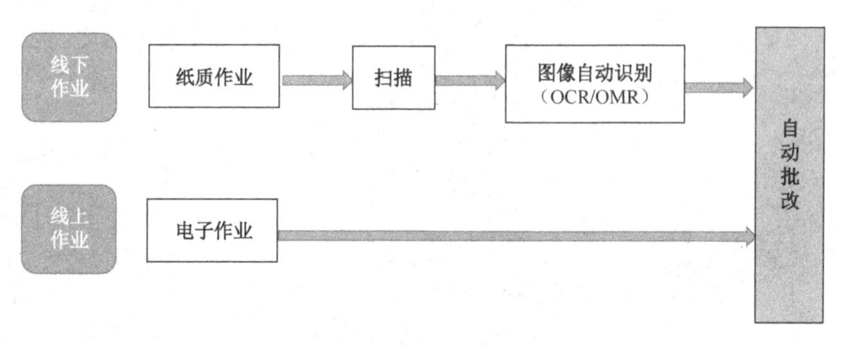

图 10-2 技术助力作业批改

于是，怎样利用技术减轻老师批改作业的压力，实现规模化且个性化的作业批改，便成为未来教育的关键攻克点，同时也成为大量企业非常关注的市场。

前文讲到，科大讯飞可以将自然语言处理融入教学中，从而提升学生的阅读能力和阅读效率。其实在作业批改方面，科大讯飞也能够发挥强大的作用。如今，科大讯飞的英语口语自动测评、手写文字识别、机器翻译、作文自动评阅等项目已经通过教育部门的鉴定并应用于全国多个省市的高考、中考、学业水平的口语和作文自动阅卷中。

此外，科大讯飞推出的“教育超脑”也在全国 70%的地区、1 万多所学校得到了有效应用。

当然，国外也有很多与“教育超脑”相似的产品，如美国的 Gradescope。

Gradescope 的主要目的是使作业批改流程得到进一步简化，从而把老师的工作重心转移到教学反馈上。相关数据显示，使用 Gradescope 的学校已经超过了 150 家，其中不乏一些非常知名的学校。

当批改作业的负责者从老师变为机器，机器批改作业的准确率可以与老师相媲美时，这项工作便实现了真正意义上的智能化。与此同时，“人工智能＋教育”也实现了前所未有的突破和进步。

人工智能 + 工作：创造就业新机遇

毋庸置疑，人工智能正在重新定义工作。

生活在人工智能迅猛发展的时代，人们难免担忧自己的工作会不会受到影响，会不会被人工智能取代。其实这样的担忧没有必要，因为人工智能没有消除工作，而是在重新定义工作，创造更多的就业机会。

11.1 人工智能对工作的影响

在人工智能越来越成熟的情况下，有些工作已经可以交由人工智能来完成。例如，在机场，自助登记服务亭越来越多；在京东的仓库里，分拣机器人来回穿梭；在企业里，HR 使用智能产品对应聘者的简历进行筛选。

根据麦肯锡的研究，在短期或中期内，人工智能虽然使部分工作完全自动化，但是并不会代替人类完成所有的工作。这在一定程度上促进了工作的转型和升级。

11.1.1 部分职业容易被人工智能取代

相关调查显示，电话推销员、会计、客服被人工智能取代的概率非常高。

1. 电话推销员被人工智能取代的概率为 99%

BBC 曾经基于剑桥大学研究者米迦勒·奥斯本和卡尔·弗雷的数据体系分析了 365 种职业在未来的“被取代概率”。结果显示，电话推销员的“被取代概率”最高，已经接近 100%，达到了 99%。

那么，为什么电话推销员被取代的概率会如此高呢？首先，电话推销员做的几乎都是重复性劳动，这些劳动并没有太大的难度，只要经过系统训练就可以轻易掌握；其次，在数据采集不准确的情况下，电话推销员需要花费大量的时间和精力对客户进行筛选；最后，电话推销员的工作既单调又压抑，还会对情绪产生一定影响，从而导致人工效率逐渐走低。在这些原因的驱使下，人工智能正在逐渐取代电话推销员。

2. 会计被人工智能取代的概率为 97.6%

与前面提到的电话推销员不同，会计的门槛并不算低，而且前景也被社会主流看好，就是这样一份职业，依然有 97.6%的概率会被人工智能取代。

如果仔细研究，我们不难发现，会计的主要工作是对信息进行收集和整理，有着非常高的逻辑要求，必须保证 100%准确，单从结果上来看，人工智能的优势确实更加明显。

此外，全球四大会计师事务所也相继推出了财务智能机器人方案，这再一次证明了人工智能在财务工作中的巨大优势。其实如果真的出现一种可以帮助会计完成财务工作的技术，也未尝不是一件好事。到了那时，会计就有更多时间去做一些有价值、有意义的工作。

3. 客服被人工智能取代的概率为 91%

与电话推销员、会计相比，客服被人工智能取代的概率虽然稍低，但仍然超过了 90%。而且相关数据显示，51.4%的客服人员对自己从事的这一职业并不满意，主要原因有工作内容枯燥、薪酬低、福利差、负面情绪多、工作强度大等。

另外，客服行业也存在着各种各样的问题，包括招聘难度大、人力成本高、培训时间长、离职概率高等。即使百度、阿里巴巴、京东、亚马逊这样的互联网巨头也无法很好地解决这些问题。不过人工智能出现以后，这些问题就有了解决的可能。

除了上述三种职业，其他职业也存在被人工智能取代的可能性。在这种情况下，我们应该积极应对人工智能带来的挑战，不断提升自己的分析洞察能力，学习更多有关人工智能的知识，争取做到“知己知彼，百战百胜”。

11.1.2 人工智能会不会引发大规模失业

人工智能从诞生到现在，获得了迅猛发展，并对人们的工作和生活产生了极为深刻的影响，与其相关的各种产品和新闻层出不穷。之前横扫整个围棋圈的 AlphaGo，就将人工智能的强大力量展现得淋漓尽致。

在人工智能不断发展的同时，人们对这一技术也充满了担忧。甚至马斯克等权威人士也开始提醒人们要提起对人工智能的高度警惕。在人工智能带来的所有担忧中，最具代表性的是人工智能是否会引发大量失业。

从宏观角度来看，技术的进步确实会导致一部分人失业，但随着时代的发展，某些领域又会诞生新的工作。主导人工智能研发的各大巨头，应为人们树立一种正确的态度，驱散人们心中对人工智能的恐惧。

随着人工智能的不断发展，一些繁琐、重体力、无创意的工作会逐渐被代替，如打扫卫生、配送快递、解决客户问题等。另外，一些技术型企业正在对人脸识别进行研究，如果研究成功，该类技术可以辨识约 30 万张人脸，而这样的量级是人类很难甚至根本不可能达到的。

在其他一些领域，人工智能确实缺乏处理人际和人机关系的能力，医疗领域就是其中最具代表性的一个，虽然涉及影像识别的医疗岗位很可能被人工智能取代，但这仅仅是非常小的一部分，像问诊、咨询等需要人际沟通能力的工作还是应该由人类来做。

从目前的情况来看，人类亟待完成的重大任务主要有以下两项。

（1）认真思考怎样调配那些被人工智能替代的工作者。

（2）对教育进行改革，现在必须更好地教育后代，让他们分析出哪些职业不容易被人工智能取代，而不要被目前看似光鲜亮丽的职业所“迷惑”。

从某种意义上讲，人工智能带来的并不是失业，而是更加完美的工作体验。未来，工作不能只由人类完成，也不能只由人工智能完成，必须由二者联合起来共同完成。因此，对于人工智能时代的到来，我们不需要感到担忧和恐惧。

11.1.3 人工智能增加就业机会

随着人工智能的不断进步和发展，一些新兴的行业一定会出现，与之同时出现的还有一大批新的就业机会。正如互联网兴起之前，社会上根本没有多少可供人们选择的职业，而在互联网兴起之后，程序员、配送员、产品经理、网店客服等新兴职业也随之一同出现。

可见，我们不能片面地认为人工智能出现之后就一定会有旧事物被残忍淘汰，事实上更多的应该是人工智能与旧事物的结合。这也就意味着，之前的人力可以随着学习和训练，逐渐适应并掌握人工智能时代，从而转移到新的行业当中。

在技术趋于完善、生产力大幅度提升的影响下，职业的划分已经变得越来越细化，与此同时，就业机会也会变得更多。人工智能的发展方向应该是与人力“协同”，而不是“取代”人力，大部分已经应用了人工智能的企业的确都是这样做的，下面以京东为例进行详细说明。

京东旗下有一个无人机飞行服务中心，需要招聘大量的无人机飞服师。这一职位的门槛其实并不是很高，只要经过了系统培训，即使没有多少文化基础的人也可以胜任。

京东的无人机飞行服务中心是中国首个大型无人机人才培养和输送基地，对无人机行业而言，这是一个特别大的突破。基于此，无人机在物流领域的应用率将越来越高，整个社会的物流效率也将有大幅度提升，在这种情况下，新的就业机会会不断出现。

仅仅一个非常普通的无人机，就可以衍生出一系列配套设施，以及大量的人力需求。可见，人工智能出现以后，虽然原有职位的需求会有一定的减少，但是新职位的需求会大量增加，而且这些新职位不只包括研发、设计等高门槛类，还包括维修、调试、操作等低门槛类。

一个行业的职业结构通常是金字塔型的，除了需要位于塔顶的高精尖人才，还需要位于塔底的普通工作人员，只有这样，才能保证行业生态的健康和完整。因此，无论什么样的人，之前从事过什么样的工作，将来都可以找到合适的职业。

11.2 人工智能与各项工作的化学反应

自从 AlphaGo 三连胜围棋天才柯洁以后，人工智能就被神化了，越来越多的人相信，人工智能将取代大部分人类工作，从而导致大量失业。但是前面已经说过，人工智能还是可以与人类和平共处的。例如，在人事工作上，人工智能可以智能分析，实现人岗协调。此外还有采购工作、财务工作等也可以通过人工智能实现优化。

11.2.1 人事工作：智能分析，实现人岗协调

技术赋能人事管理虽然早已经不是新鲜话题，却仍然是热门话题。在未知比已知更多的未来世界，创新将成为企业生存发展的不二法门。创新的核心是人，企业的工作重心是人事管理，如何做好这项工作，使企业不断升级，是每个企业都应该思考的问题。

费里曼是一家在线房地产服务企业的创始人，在创建之初，他的企业只有十几名工作人员，随着企业的发展壮大，仿佛一夜之间就需要招聘一批新的工作人员。这样的情况让费里曼很是头疼，面对如此大量的简历，他更是感到无从看起。

自从人工智能出现并兴起以后，解决方案也应运而生。通过对求职者在上班第一天可能做的事情进行线上模拟，人工智能可以使简历审查工作变得更加简便和快捷。除此以外，人工智能还可以分析求职者的特性，并在自然语言处理、机器学习等技术的助力下，为求职者建构一份个人心理档案，从而准确判断这位求职者是不是与企业文化氛围相契合。

例如，通过评估求职者喜欢使用哪些词语，如“请”“谢谢”“您”等，判断求职者的同理心和接待客户的可能性。这样的做法也可以帮助招聘人员衡量求职者在面试中的表现。引入人工智能之后，在短时间内从大量求职者中挑选出最合适的 2%～3%将成为可能。

实际上，人工智能不仅可以应用于招聘工作，还可以帮助企业分析工作人员与岗位之间的契合度，从而进一步促进人岗协调。当然，在人事管理工作中，人工智能并不是完美无缺的，但取得的效果一定比全靠人力更好。

试想一下，如果企业不仅可以借助大数据对工作人员的积极性和主动性进行预测，还可以评估工作人员的能力及其所做的贡献，情况会变得如何呢？

HighGroud 是美国的一家软件企业，一直致力于研发工作人员积极性产品。

HighGroud 创建了一个可以从工作人员交流中挖掘数据的系统，有了该系

统，企业中每位工作人员的情况都可以被清晰地展示出来，从而促进企业人事管理工作的顺利进行。此外，该系统还允许客户留下反馈，领导层则可以根据反馈找到最佳的运营策略。

如果工作人员对工作没有充足的积极性，那就会对企业的内部运营产生严重影响，也会对企业的外部业务产生不良影响。现在，通过老套的绩效考核来激发工作人员的积极性，从而使其发挥更大的价值，已经不能取得非常好的效果，采用新技术和新交流软件才是真正的“王道”。

不过，在采用新交流软件的时候，一定要保证其在工作人员中的采用率，为此，企业应该把交流软件设置得易于访问和使用。这样工作人员就可以方便地把交流软件安装在他们的手机上，然后通过交流软件互相学习并了解客户反馈，从而尽快提升自己的能力和价值。

11.2.2 采购工作：寻筛+审核+询价+签单

通常情况下，采购工作可以分为两个部分，一个是运营采购；另一个是战略采购。其中，运营采购非常注重采购人员的执行力，而战略采购则十分重视采购人员的决策能力。下面重点说一说战略采购。战略采购一共涉及四个环节，如图 11-1 所示。

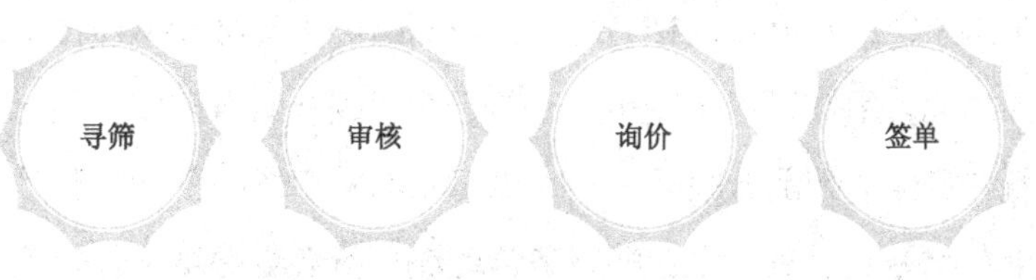

图 11-1 战略采购的四个环节

在上述四个环节中，最重要的两个环节是原料的寻筛和产品的询价。随着人工智能的不断完善进步，借助知识图谱技术和机器学习，人工智能已经可以深度介入这两个环节。

在知识图谱的基础上，人工智能可以智能寻筛物美价廉的原料，以实现寻筛成本的最低化。在商业谈判算法的基础上，人工智能可以帮助企业在询价环节做到知己知彼，避免上当受骗。总之，借助人工智能，战略采购将逐渐走向智能化，同时将融智能寻筛、审核、询价、签单于一身。

京东旗下有一个电商化采购平台，该平台可以将烦琐的采购工作变得更加简单、透明、智能，还可以轻松打通产业链上下游之间的信息联系。未来，人工智能肯定能够实现采购与供销的完美结合。

另外，基于对云计算、深度学习、区块链等人工智能技术的熟练应用，京东的开发团队已经建立了大数据采购平台和采购数据分析平台。其中，借助智能推荐，大数据采购平台可以主动分析用户的喜好，从而挑选出最符合用户要求的原材。不仅如此，京东还在不断进行技术的研发和创新，目的是打造一个更具效率的采购平台。

京东的这些平台为采购方式的转变、采购路径的优化提供了极大的便利，促进了营销管理效率和客户服务质量的提升，使企业的经营管理模式变得更加人性化、科学化、民主化。由此可见，人工智能能够对采购工作产生积极影响。

11.2.3 财务工作：智能报账与税控

要想与国家经济发展战略相适应，企业的财务管理必须积极转型，争取获得创新发展。为此，用友云正式发布并上线运营了用友财务云。用友财务云可以为企业提供各种各样的智能云服务，同时也可以指导和帮助企业实现财务转型。

引入用友财务云以后，企业的财务管理流程就会变得越来越规范，也越来越高效。与此同时，企业财务管理的成本和风险也会大幅度降低，从而进一步提升企业财务管理工作的整体质量。

用友财务云为企业提供的基础服务包括两项，一项是财务报账；另一项是财务核算。而这两项服务的承载平台分别为友报账和友账表。

友报账不仅是一个智能报账服务平台，同时也是一个企业财务数据采集终端，除了财务人员，企业中的其他工作人员也可以使用友报账。这就表示，友报账可以对企业资源进行整合，并为企业工作人员提供端到端的一站式互联网服务。

与友报账不同的是，友账表是一个智能核算服务平台，可以为企业提供多项服务，如财务核算、财务报表、财务分析、电子归档、监管报送等，而且这些服务都是自动且实时提供的。

除了财务报账、财务核算这类基础服务，智能税控对企业来说也非常重要。在这方面，智能税控 POS 是一个典型案例。它是由商米科技、数族科技、百望金赋三方强强联合，共同推出的一种开票机器。其作用主要包括以下几个。

（1）解决企业经营管理相关环节的痛点，尤其是越来越突出的开票痛点。

（2）简化开票流程，实现真正意义上的支付即开票、订单即开票。

（3）提升开票的效率。

智能税控 POS 是以互联网和云计算为基础，集“单、人、钱、票、配”全流程运营能力为一体的开票工具。除了收单，它更是一个可以直接管理发票的 POS 机，同时还可以提供一站式增值服务，如收银、会员、金融、排队等，从而大幅度提升开票体验。

未来，还会有更多像用友财务云、智能税控 POS 这样的案例成功落地，并在企业中得到有效应用。这些案例都是人工智能赋能企业财务工作的最佳体现，将在企业中发挥非常重要的作用。

11.2.4 程序设计工作：低级码农受到威胁

早在 2017 年，世界上第一个可以自动生成完整软件的智能机器人就诞生了，这个智能机器人还有一个名字——AI Programmer。

由于 AI Programmer 的工作基础是遗传算法和图灵完备语言，因此可以完成各种类型的工作。当然，AI Programmer 也存在一定的局限性，其中最突出的是不适用于 ML 编程。对此，相关专家表示："在考虑 ML 驱动程序生成的未来时，我们需要放弃和重新考虑典型程序语言创建的方法。"

从目前的情况来看，AI Programmer 还处在初级发展阶段，虽然可以对低级码农（程序设计人员）造成冲击，但仍然无法撼动中高级码农的地位。这也从一个侧面反映出，如果将来人工智能真的可以实现自动编程，那低级码农就要做好被裁员的准备。这并不是危言耸听，而是在大趋势基础上做出的精准推测。因此，为了让自己在人工智能的冲击中生存下来，码农们，尤其是低级码农们必须做出一些努力，具体内容如图 11-2 所示。

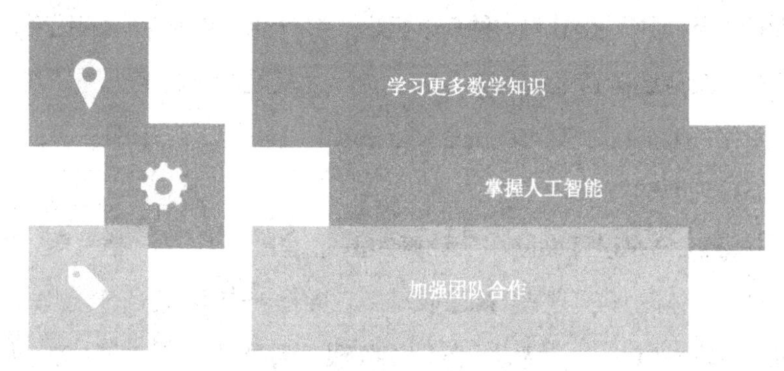

图 11-2　码农们必须做的一些努力

1. 学习更多数学知识

在大多数码农看来，在编程的过程中，根本用不上太多数学和英语方面的知识，只要拥有正常的逻辑就可以。不过，随着对这一行业的深入接触，缺乏数学知识的码农就会变得越来越力不从心。例如，在为 DirectX 游戏编程时，码农必须了解线性代数和空间几何；当研究手势识别，接触图像识别领域时，码农必须要了解概率论。因此，对想提升自身能力的码农来说，学习数学知识是首要任务。

2. 掌握人工智能

俗话说："从哪里跌倒，就要从哪里爬起来。"既然人工智能给码农带来了冲击，那么要想顺利躲避冲击，码农就必须掌握一些人工智能方面的技巧和经验，最基本的三项是入门机器学习算法、尝试用代码实现算法和实现功能完整的模型。只有掌握这三项技能，码农们才有可能提升自身的能力。

3. 加强团队合作

通常情况下，只要是开发类的工作，就需要整个团队一起做，如果是一个人单独做，那工作可能永远都不能完成，或者即使完成了，质量也非常差。而码农所做的工作就属于开发类，因此学会团队合作也是码农提升自己的一个必要条件。

对码农来说，必须不断充实自己，提升自己的能力。虽然这个过程比较困难，也充满了挑战，但是只要坚持下来，获得的回报将十分丰厚。

11.3 智能化工具在工作中发挥强大的作用

如今，很多工作越来越多地依赖人工智能，依赖智能化工具。机器在很多工作中也扮演着非常重要的角色，其所取得的效果超过了人工操作的效果，工作的智能化、自动化趋势也变得越发明显。

11.3.1 ShopBot：客服人员的得力助手

作为业务流程中的一个关键环节，客服无疑会对企业的形象产生深刻影响。因此，越来越多的企业开始重视人工智能与客服的融合。这样不仅可以提升消费者对企业的好感和认可度，还可以增强企业在行业中的声誉和影响力。

美国电商巨头易贝就推出了 ShopBot。在 ShopBot 的助力下，消费者可以用最短的时间找到自己想要同时也最实惠的商品，从而在易贝上获得更加优质的消费体验。

ShopBot 是以脸谱网的聊天机器人平台为基础开发的，现在已经正式投入使用。在使用 ShopBot 时，消费者可以登录自己的账号，也可以在 Facebook Messenger 内搜索“eBay ShopBot”。具体使用方法如下。登录 ShopBot 界面以后，消费者可以通过语音的方式说：“我正在寻找一个 80 美元以下的 Herschel 品牌的黑色书包。”说完以后，界面中就会出现一个或一些符合条件的书包。这样，消费者就可以非常简单、快速地找到自己想购买的产品。

其实，ShopBot 的推出在一定程度上表示了易贝非常关注自然语言处理、计算机视觉等与人工智能息息相关的技术。为此，易贝收购了以色列计算机视觉企业 Corrigon，主要目的是摆脱对人工的过度依赖，实现产品照片分类的自动化和智能化。

不仅如此，易贝还收购了机器学习团队 ExpertMaker、数据分析企业 SalesPredict。借助这一系列的收购，易贝的自动化和智能化获得了非常迅猛的发展。这不仅有利于提升消费者在易贝的购物体验，还有利于优化易贝的服务质量和服务效果。

11.3.2 Otto：借助智能程序预测订单，优化库存

在运营采购的日常工作中，处理订单的时间大约占据了 20%，其余的时间需要用来与计划管理、供应商、物流商协调具体的发货安排。因为消费渠道的去中介化已经有了很大的发展，再加上人工智能对用户数据的进一步挖掘、分析和提炼，所以供应链的牛鞭效应将明显改善。

一方面，借助人工智能，企业可以对用户的需求进行更加精准的预测；另一方面，当企业与供应方之间的系统数据正式打通以后，人工智能可以掌握供应方的某些重要情况，如瓶颈环节、产能利用率等。与此同时，企业不仅可以平衡供应链中的供需关系，从而实现对库存的实时优化，还可以实现采购和订单处理的完全自动化。

德国的 Otto 就是这方面的一个典型案例。Otto 是德国的一家在线零售企

业，通过智能程序，该企业可以对 30 天内即将销售的产品进行预测，准确率已经超过了 90%，可以说十分可靠。

另外，智能程序还可以帮助 Otto 预测订单，Otto 就可以根据具体的预测结果优化库存，这样不仅可以大幅提升产品交付给用户的周期，还可以进一步优化用户的消费体验。由此可见，尽快引入智能化工具，提升工作效率，对每个企业来说都十分必要。

第12章 展望未来：对人工智能的预测

目前，人工智能的落地正在迅速推进。它在经济、法律、哲学、计算机安全方面都有广泛的应用。因为人工智能的崛起已经对人类的生活有了深刻的影响，所以在未来，人们应该将研究重点从研发人工智能的技术转移到社会效益层面。

简单来说，面对人工智能技术的兴起，人们应该尽全力来确保其未来发展对我们的生活环境有利。人工智能的发展本身就存在着各种问题，需要在技术的进步中逐步被解决，人工智能系统也要按照人类的意志或目标进行工作。

12.1 人工智能三大发展趋势

人工智能将引发一场新的科技革命，而这场革命由数据、计算力和算法这三个核心要素驱动。其中，智能物联网设备产生数据，计算力则来自超级计算机、云计算等技术的支撑，再加上深度学习的算法进步，足以让企业在各领域、行业的经验和流程实现快速积累和掌握，进而使企业的业务流程都变得更加智能。

大体上讲，人工智能将从胶囊网络、终端控制和应用场景多元化的发展中，合力将人们推向一个智能化的新时代。

12.1.1 胶囊网络：抵御对抗性攻击

如今，深度学习中最普遍应用的神经网络结构之一是卷积神经网络（Convolutional Neural Networks，CNN）。但在目前的应用场景实践中，CNN还存在不足——它在处理精确的空间关系方面准确度不高。例如，CNN 在人脸识别的应用场景中，即便将人脸图像中嘴巴与眼睛的位置调换，它仍会将其辨识为正确的人脸（见图 12-1）。借此漏洞，有些“黑客”就可以通过制造一些细微的变化来混淆它的判断，从而给企业或个人造成巨大的损失。此外，CNN 还存在黑箱性、高消耗、迁移能力差等诸多问题。因此，学界和产业界一直在寻找新一代深度神经网络结构。

在此背景下，深度学习界的领航人 Geoffrey Hinton 于 2018 年提出了“胶囊网络”概念，它是一种将对深度学习产生深远影响的新型神经网络结构。

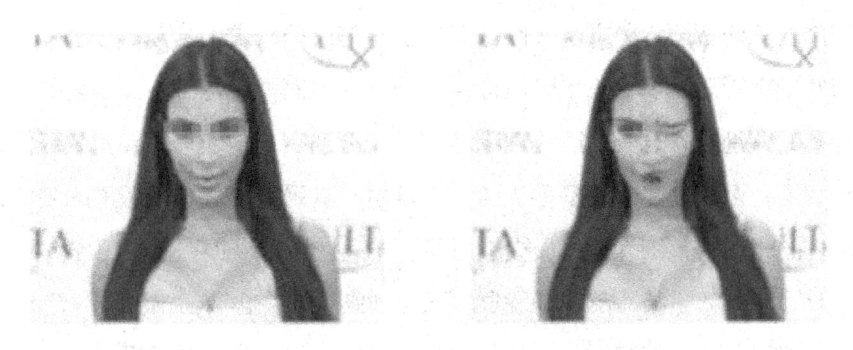

图 12-1 卷积神经网络对人脸的错误识别

“胶囊网络”概念的提出，填补了目前网络在图像识别上表现不够好的漏洞。其中，“胶囊”代表的是图像中特定实体的各种特征——位置、大小、方向、色调等，它们作为单独的逻辑单元存在。然后通过特定的路由算法，使胶囊将学习并预测到的数据传递给更高层的胶囊，随着该流程的不断迭代，就能够将各种胶囊训练成学习不同思维的单元。例如，在面部识别过程中，胶囊可以将面孔的不同部分分别记忆和识别。

综上所述，胶囊网络在抵御对抗性攻击的能力方面对传统的 CNN 有较大影响。甚至在胶囊网络技术的支撑下，开发团队还提出了一种与攻击相独立的检测技术——DARCCC，它不仅能够识别出原始图像和攻击生成的图像的分布误差，更能有效辨别出“对抗图像”，防止系统被攻击者欺骗而产生错误分类。

如今，胶囊网络已被业界公认为新一代深度学习的基石。只不过在实际应用中，胶囊网络要想完全取代 CNN，未来还有很多特殊问题亟待解决。从发展角度看，我们需把胶囊网络当作一种思路，与现有的深度学习模型相结合，进一步完善人工智能的基石。

12.1.2 舍弃云端控制，逐渐走向终端化

随着社会的进步，人们对生活安全的要求也越来越高。由此，多年来，我国一直利用人工能智技术将文字、图像采集工作与市场需求相结合，推出了护照识别、证件识别等云端识别技术。以证件识别云端为例，它是目前我国公务处理中调用最多的识别服务之一，可快速精准识别身份证、驾驶证等多种有效证件，拥有识别率高、识别速度快等多种优势，并且由于其采取排队等待识别的制度，可多个进程同时调用，使操作人员更加方便、灵活地调用，提高社会工作效率。

但是，随着科学技术的快速发展，人工智能也正在舍弃云端控制，逐渐走向终端化。所谓人工智能终端化，就是将人工智能算法用于智能手机、汽车、衣服等终端设备上。在政策、市场等多重利好因素的影响下，人工智能推动传统行业迎来了全新变革，并与多个领域相融合。下面以移动智能终端和可穿戴智能终端来举例说明人工智能技术在不同领域的实践之路。

1．移动智能终端

无论通用技术还是高端科技，如果没有应用场景，都是无价值的。而人工智能涵盖的细分领域广泛，它不仅涉足工业、农业、商业领域，甚至涉足与人们生活密切相关的移动智能终端领域，因此具有很高的价值。

其中，智能手机是目前人类社会使用范围最广的移动终端之一，人工智能技术在这一领域的应用拥有广阔的市场前景。而且，移动通信技术与社会、经济发展息息相关，因此人工智能技术在移动智能终端的应用也受到了高度关注，如图 12–2 所示。

图 12-2　智能移动手机终端

在人工智能技术崛起之前，传统智能手机只是在功能方面相对丰富，并不算真正的智能。有了人工智能技术的助力，真正的智能手机出现了，并成为人工智能应用的主要场景。在智能手机领域，人脸识别、指纹识别等技术的应用最常见。借由人脸识别技术，智能手机领域在移动支付、身份验证、密码保护等方面的能力得到了跨越式的提升。

汽车也属于移动智能终端，如图 12–3 所示。2018 年，我国发展和改革委员会颁布了《智能汽车创新发展战略》，为汽车智能化发展确立了目标和流程，由此车载智能终端产品也成为人工智能的主要应用场景。

图 12-3　车载智能终端

2. 可穿戴智能终端

移动智能终端主要为人们的社交、工作和出行服务，可穿戴智能终端则将重点放在人们日常的休闲娱乐中。基于人工智能技术，可穿戴智能终端产品也逐渐被研发出来，如在日常生活中的智能手表、智能眼镜等，在医学领域的康复机器人、外骨骼机器人等。

人工智能技术在智能手表、智能眼镜、康复机器人等可穿戴智能终端产品中的应用，远没有在移动智能设备中的应用完整。这些可穿戴智能终端在产品设计和售后服务方面都还有很大的提升空间，其商业模式也亟需完善。

因此，在可穿戴智能终端领域，我国还需进一步寻找人工智能技术为其支撑的最佳路径，以充分发挥两者的应用价值和优势。2017 年，国务院颁布的《新一代人工智能发展规划》中明确提出，国家将释放多项红利政策来鼓励企业开发可穿戴智能终端产品，从而推动我国人工智能的发展。

未来，人工智能的商业进程将不断加快，我国人工智能技术的发展和应用也将更加完善，围绕人工智能技术所展开的竞争也会更加激烈。作为人工智能重要的应用场景，智能终端产业的重要程度将不断提升，企业、国家的重心将从云端控制逐渐向终端转变。

12.1.3 智能应用场景朝着多元化发展

在人工智能技术的发展进程中，其发展重心不是一成不变的，由最初技术的钻研转变到现阶段商业模式的探寻。人工智能已经成为新阶段产业变革的核心驱动力，成为各国争相竞争的制胜点。

下面我们将从 5 个实际案例的介绍中，阐述人工智能应用场景多元化的发展。

1. 汇丰银行引入人工智能以防止金融犯罪

经统计，在过去十年里，仅在英国，其银行领域每年就需消耗 50 亿英镑（折合人民币约 444 亿元）来打击金融犯罪。根据相关部门发布的消息，汇丰银行正计划通过人工智能技术来抵御诈骗、抢劫等金融犯罪的发生。通过人工智能技术的支撑，银行在处理金融犯罪相关问题时效率明显提升，与人工处理相比，成本也在降低。英国金融行为监管局金融犯罪部门负责人罗布·格鲁佩塔表示，虽然指望利用机器识别金融犯罪并不太现实，但人工智能技术能更好地帮助他们实现目标——保持金融系统干净。

2. 俄罗斯利用人工智能管理卫星

据外媒报道，俄罗斯飞行管控中心正在建立一项新的体系——尝试用人工智能管理在轨卫星群。该中心主任马克西姆·马秋申提到，在近地空间中，已有数百颗卫星正在运行，太空垃圾也在不断增加，所以在卫星轨道设计上工作也逐渐复杂。因此，在有大量数据需要处理的大环境下，俄罗斯计划建立数字生态系统，并在管控中心软硬件基础上应用人工智能技术，这将是科技发展的未来方向。

3．微软用人工智能帮助航运业网络运营升级

据报道，微软亚洲研究院与东方海外航运公司展开了合作计划。二者通过对人工智能的研究，改善了航运行业的网络运营，加快了其业务的转型升级。

微软方表示："正常来讲，微软成熟的人工智能应用是将技术、商业模式与用户体验相融合。但是人工智能在航运网络运营中的应用，是微软不熟悉的领域，对我们来讲也是不小的挑战。因此，两方将携手合作，运用深度学习和强化落实技术，优化现有的航运操作。"

航运方表示："我们希望通过与微软的紧密合作，利用人工智能和创新科技，推动航运业实现升级转型，并为我国的顶尖技术人员搭建交流平台，借助先进技术和预测分析满足人们的需求。"

4．广东政府用人脸识别帮助七百多名流浪者回家

2019 年，广东政府发起了一项新的行动——帮助全省范围内的流浪、乞讨、滞留人员寻亲返乡。寻亲方式主要是通过新闻、电视、移动手机软件等发布公告，再协调公安机关开展指纹、人像比对等查找线索。

在受助人员中，有些人存在精神疾患和智力残疾。他们通常无法正常表达和填写，这就体现出了基于人工智能的人脸识别技术的优势。工作人员只需对受助人员的照片"刷脸"，大数据就会筛选出形似人员的身份信息。根据这些信息，工作人员可以顺藤摸瓜，帮助受助人员找到亲人。

在将近三个月的时间里，广东政府就成功帮助七百多名受助人员找到家人。在此过程中，人脸识别技术成为首要"功臣"。

5．IBM 人工智能显微镜

日前，IBM 研发出了一款人工智能显微镜（见图 12-4）。它可以帮助研究人

员通过观察海水中的浮游生物来监控海洋的水资源和质量。水资源对人类的生存至关重要，因此该人工智能显微镜在世界各地都大受欢迎。在不久的将来，它会通过云中联网部署到全球各地，持续对水资源进行监测，从而帮助人类预测水资源方面所面临的威胁。

图 12-4 人工智能显微镜

未来，一定会有越来越多的高科技产品出现。它们将借助高性能、低成本的人工智能技术实现各个领域数据的分析和解读，实时报告任何异常和预测，并及时采取应对措施，为人类的安全生活保驾护航。

综上所述，人工智能已经渗透到人类社会各领域、各行业的场景中，人们也能切实地感受到人工智能所带来的高效和便捷。人工智能在与各行各业的快速融合进程中，助力了行业多元化、智能化的转型升级，在全球范围内引发了全新的产业浪潮。

12.1.4 更多的数据合成即将到来

通过上文对人工智能发展三大趋势的分析可知，未来人们要迎接的就是数据合成时代的到来。目前，许多企业尚未看到它们对大数据项目进行投资带来的回报，而人工智能正可以为这些数据项目提供商业案例，并且使数字项目的价值凸显出来。

之前，由于人工智能学习曲线陡峭、技术工具不成熟等因素，导致很多企业与大数据项目脱节。在日渐激烈的竞争环境中，这些企业将面临更大的挑战。

现在，随着人工智能实用性的增强和应用场景的成熟，一些企业正在重新思考它们在数据层面的战略，开始讨论正确的决策方向，如如何才能使企业的流程更有效率、如何才能实现数据提取的自动化等。

此外，在人工智能发展的进程中，尽管一些企业在数据方面取得了一些进步，但它们仍面临着诸多挑战。例如，很多类型的人工智能需要大量标准化的数据，并且要把偏差和异常的数据清除掉，才能保证输出的结果不存在不完整或有偏见的数据。而这些数据必须足够具体才能有用，但在个人隐私保护足够好的环境下，足够具体的数据又很难收集得到。

企业内部数据对人工智能和其他创新科技来说意义非凡。随着数据采集技术的发展，市场上诞生了第三方供应商，它们会更多地采集公共数据资源，将其合成“数据湖”，为各个企业使用人工智能打好数据基础。

随着数据变得更有价值，合成数据等各种加强型数据学习技术的发展速度会越来越快。在未来，人工智能的发展可能不需要再费时费力地采集大量的数据，只需要使用原有的合成数据加上精确的算法就可以达成目标。

12.2 人工智能时代，企业如何转型

在这个科技高速发展的时代，人工智能已经融入多个领域，重建各领域的商业模式，如制造业、银行业、医疗业等。人工智能是对人类的思维方式的模拟，企业在发展过程中，逐渐开始受到人工智能的影响和颠覆。

传统企业在人工时代取胜的关键因素是绩效。随着人工智能的出现，将给企业绩效的制定和落实带来更高的要求。因此，在人工智能时代，企业的智能化、数字化转型是必要的。

12.2.1 智能定制芯片值得关注

传统企业要想转型，离不开智能定制芯片的研究。本节以家电企业格兰仕为例，介绍传统企业是如何在人工智能时代依靠智能定制芯片占据市场细分的。

随着人工智能的兴起，家电市场对智能定制芯片的需求量大幅增加。目前，我国很多高智能芯片依旧来自国外，要想快速驱动家电企业的创新发展，家电企业需要多加重视芯片技术开发和软件技术开发的协同前进。前者为后者的智能化生产提供市场保障，后者为前者提供技术支持。

格兰仕集团是全球著名的家电生产企业。它在我国广东地区拥有国际领先的微波炉、空调等家电研究和制造中心。此前，格兰仕推出了物联网芯片，并将它配置于 16 款产品中（见图 12-5）。此项举措标志着格兰仕着手进行传统制造的转型升级，正式向智能家电企业、向更有前景的智能领域迈进。

图 12-5 格兰仕芯片微波炉

格兰仕集团表示，在智能物联网时代，他们不会以电脑、手机等通信设备的芯片为中心，而要创新新的技术架构。因此，格兰仕选择与一家智能芯片制造企业合作，为格兰仕家电设计出了一套专用的高性能、低功耗、低成本芯片。据介绍，该芯片在相同的制程中，比英特尔、ARM 架构芯片速度更快、能效更高。

格兰仕的高层曾在采访中表示，他们开发的专属芯片，不只用于各种家电场景，还可用于服务器。由此，就可以创造出格兰仕家电特有的生态系统，让家电更加高效、安全、便捷地实现智能化。

以上举措意味着格兰仕迈上了从传统制造向智能化转型的第一个台阶。要全面实现智能化企业的转型，格兰仕还需要加强软件方面的探索。为此，格兰仕与一家德国企业进行了边缘技术方面的合作，将芯片与软件协作控制的人工智能应用到家电产品中。从实践中看，相比于云计算，格兰仕的边缘计算更接近智能终端，其数据计算的安全性和效率相对来说都比较高。

未来，由于市场竞争越发激烈，为了占领更多的市场细分，格兰仕集团透露将在其计算服务云中部署大型人工智能系统，争取在同一个平台上完成对生产、销售、售后服务等环节的全面管理，实现从“制造”到“智造”的转变，加速企业利润的快速增长。

然而，要研发出智能定制芯片这种精细部件，企业不仅需要拥有强大的资本，更需要技术和时间积累。对我国传统制造企业来讲，它们在智能化转型的道路上还有很多挑战需要面对。

12.2.2 掌握一手数据源，建立竞争壁垒

从我国注重发展科技开始，人工智能领域就逐渐走向了科技发展的前沿地带，引领着我国各个行业、领域的发展趋势。一位金融领域的专家曾经说道：“人工智能的关键是有效的数据源，其次是算法和应用。”的确，目前我国人工智能的发展在应用端很有优势，其应用场景和数据采集空间相对较多，但我国在算法和关键

数据源层面还有很大的成长空间。

因此，我国传统企业要想在人工智能转型升级的竞争中保持领先，首要任务就是发展技术和数据。以技术为切入点，掌握好数据源，建立竞争的壁垒。

为何需要建立竞争壁垒？在建立竞争壁垒的过程中，大数据又起到了什么样的作用？

在业内研究人员看来，人工智能目前已经应用于智慧交通、无人驾驶、智慧电厂、智慧医疗、智慧金融等诸多领域。而无论应用于哪个领域，都有一个共同而基础的需求——稳定的大数据基础。

在人工智能的基础层中，主要分为三个部分——芯片、算法、大数据。芯片和算法的重要程度已经在前文介绍完毕，而大数据从某种角度来说，就是发展出高阶形态的人工智能的前身，这也意味着企业的竞争能力就是建立在对大数据的掌控能力的基础上。

知名数据工具企业神策数据的创始人桑文峰指出："如果数据出现偏差，人工智能的发展方向就会被'误入歧途'。"因此，掌握数据源及与提供精准数据分析的企业合作，成了传统企业进入人工智能领域的必然选择。与数据工具企业合作的目的有两个：一是奠定企业的数据基础，避免因数据处理不清晰使企业发展路径出现偏差；二是数据工具企业可以为人工智能企业提供丰富的应用场景，让人工智能的价值尽快变现。

企业要掌握一手数据源，最重要的就是注重以下几个关键环节的落实。

（1）收集数据时要注重数据的全面性和时效性。

（2）分析和采用数据时要注重数据的准确性和有效性。

（3）数据量上下浮动时应注意及时应对。

（4）在采集数据时要注重客户的隐私和数据安全。

12.2.3 建立关于人工智能解释能力的框架

随着人们对人工智能领域的深入探索，在人们心底始终有一个顾虑——人工智能的失控。虽然从目前阶段看，人工智能依旧在人们的掌控范围内，但人工智能也出现过令人费解的行为，这导致了领导者和消费者对其保持谨慎的态度。因此，企业在研究人工智能时必须打开人工智能的“黑匣子”，使其能够被解释。

要想真正意义上对人工智能做出解释，企业需要建立一套完整的能够评估业务内容、业绩标准和声誉的框架，这些因素都决定了人工智能的解释程度。

综上所述，人类在人工智能研发与掌控的道路上有困难也有机遇。未来，企业应抓住机遇，在安全的基础上，利用人工智能给人们的日常生活带来更多的便利和享受。